Gerhard O. W. Fischer

Schiffsmodelle mit Jet-Antrieb

Die Alternative zum Schiffspropeller

Schiffsmodelle mit Jet-Antrieb

Die Alternative zum Schiffspropeller

Gerhard O. W. Fischer

Verlag für Technik und Handwerk neue Medien GmbH
Baden-Baden

vth-Fachbuch
Best.-Nr.: 310 2225

Redaktion: Oliver Bothmann
Lektorat: Alfred Klüß

Bibliografische Information der Deutschen Nationalbibliothek
Die Deutsche Nationalbibliothek verzeichnet diese Publikation in der Deutschen Nationalbibliografie; detaillierte bibliografische Daten sind im Internet über http://dnb.d-nb.de abrufbar.

ISBN 978-3-88180-440-0

Postfach 22 74, 76492 Baden-Baden

Printed in Germany
Druck: Griebsch & Rochol Druck GmbH, Hamm

Inhaltsverzeichnis

Vorwort

RC-Schiffsmodelle mit Jet-Antrieb oder Wasserstrahlantrieb, wie man auch sagen kann, gibt es bereits seit vielen Jahren, doch leider haben sich bisher nur wenige Schiffsmodellbauer mit dieser Antriebsart vertraut gemacht. Wenn man auf Ausstellungen oder bei Schaufahrveranstaltungen die Anzahl der Schiffsmodelle mit herkömmlichem Antrieb und derer mit Jet-Antrieben vergleicht, liegt die Anzahl der Jet-Modelle etwa bei 10 % gegenüber denen mit konventionellem Antrieb. Das mag daran liegen, dass der konventionelle Antrieb eines RC-Schiffsmodells mit einem oder mehreren Schiffspropellern vorgezogen wird, da diese Antriebsart seit Jahrzehnten bekannt ist und bisher stets angewendet wird. Dahingegen ist die Wirkungsweise eines Jet-Antriebes noch verhältnismäßig unbekannt. Warum soll man also etwas Neues, z. B. einen neuen Antrieb ausprobieren, wenn es jahrelang mit dem alten Antrieb ging.

Bei mir war das ganz anders. Als ich vor Jahren zum ersten Mal von einem Wasserstrahlantrieb für Schiffsmodelle hörte, es ging damals um die *Azimut Atlantic Challenger* mit zwei Jet-Antrieben von *Graupner*, bestellte ich den Baukasten sofort und begann zu bauen. Rückwirkend kann ich heute sagen, dass mich diese neue Technik so begeisterte, dass anschließend das Seenotrettungsboot *Hecht* mit einem Jet-Antrieb, ebenfalls von *Graupner*, folgte. Und es ging weiter mit der Motorjacht *Blue Star* mit einem Jet-Antrieb von *robbe* und als ich dann auch noch das *robbe*-Modell *Coast Guard SAR 33* mit zwei Jet-Antrieben aufgebaut hatte, war meine Begeisterung für den Jet-Antrieb so groß, dass ich seit damals bis heute mehrere solcher Modelle mit dieser Antriebsart aufbaute und umbaute.

Seien Sie sicher, lieber Leser, wenn Sie dieses Buch gelesen und die vielen Abbildungen von Jet-Modellen gesehen haben, gehören Sie ebenfalls zu den Jet-begeisterten RC-Schiffsmodellbauern. Ich werde Ihnen die Technik erklären und Sie werden feststellen, dass der Bau eines mit Jet-Antrieb ausgerüsteten RC-Schiffsmodells nicht schwerer ist, als der eines Modells mit konventionellem Antrieb. Der einzige Unterschied besteht darin, dass anstatt des Stevenrohres mit der Antriebswelle und dem Schiffspropeller der Jet-Antrieb eingebaut werden muss. Wie das gemacht wird, darauf kommen wir später. An der RC-Anlage selbst ändert sich nichts. Es wird nach wie vor der Empfänger, ein elektronischer Fahrtregler, ein Servo für die Lenkung und der Fahrakku benötigt. Beim herkömmlichen Antrieb wird das Lenkservo für die Ruderverstellung, beim Jet-Antrieb wird es für die Düsenschwenkung nach links und rechts benötigt. Soll das Modell auch rückwärts fahren, so wird beim Jet-Antrieb noch ein zweites Servo benötigt, mit dem eine Umkehrklappe in der Düse betätigt wird – doch darüber später.

Ich habe den Text in diesem Buch so aufgeteilt, dass es einen allgemeinen Teil mit den Kapiteln 1 bis 4 gibt, in denen die Funktionsweisen erläutert und Bauhinweise gegeben werden. Im praktischen Teil Kapitel 5 bis 7 gehe ich auf den Bau verschiedener Jet-Modelle ein. Auf vielen Bildern wird der Auf- und Umbau von Modellen veranschaulicht, sodass jeder Einsteiger in die Lage versetzt wird, sich an den Bau eines Jet-angetriebenen RC-Schiffsmodells zu wagen.

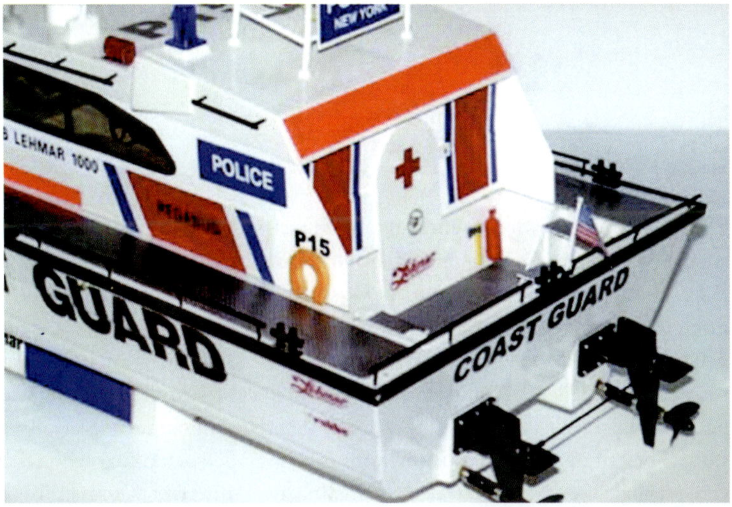

Modell mit zwei Schiffspropellerantrieben

Die andere Antriebsart: Modell mit zwei Jetantrieben

1 Die Funktionsweise eines Jet-Antriebs

Ein Jet-Antrieb, bzw. Wasserstrahlantrieb, besteht aus dem Jet-Tunnel mit einer Öffnung nach unten und einer kreisrunden Düsenöffnung nach hinten, einem Steuerteil, einem Impeller mit Impellerwelle und einem Elektromotor, der die Impellerwelle antreibt. Der Jet-Tunnel wird im Heck des Modellbootes auf dem Boden befestigt. Unter der Tunnelöffnung ist eine gleichgroße Öffnung in den Schiffsboden einzuarbeiten, durch den der Impeller Wasser aus dem Gewässer ansaugt. Der hintere runde Teil des Jet-Antriebs mit der Düse ragt aus dem Heckspiegel des Modells etwas heraus. An dieser Stelle wird das Steuerteil oder besser gesagt die Schwenkdüse befestigt.

Wird der Motor eingeschaltet, saugt der Impeller Wasser aus dem See durch die Tunnelöffnung an und drückt das Wasser durch die Düse nach hinten mit hoher Geschwindigkeit wieder hinaus. Der Druck des Wasserstrahls nach hinten, bewegt das Fahrzeug nach vorne. Die Fahrtrichtungsänderung erfolgt durch das Bewegen der Schwenkdüse nach rechts oder links. Dadurch wird der Wasserstrahl in die gewünschte Richtung abgelenkt und der Bug folgt dieser Richtungsänderung bei Vorausfahrt. In einem Jet-Modellboot übernimmt ein Servo diese Aufgabe, ähnlich wie das Ruderservo bei einem Modell mit Propellerantrieb. Soll das Fahrzeug auch rückwärts fahren, so ist in das Steuerteil eine

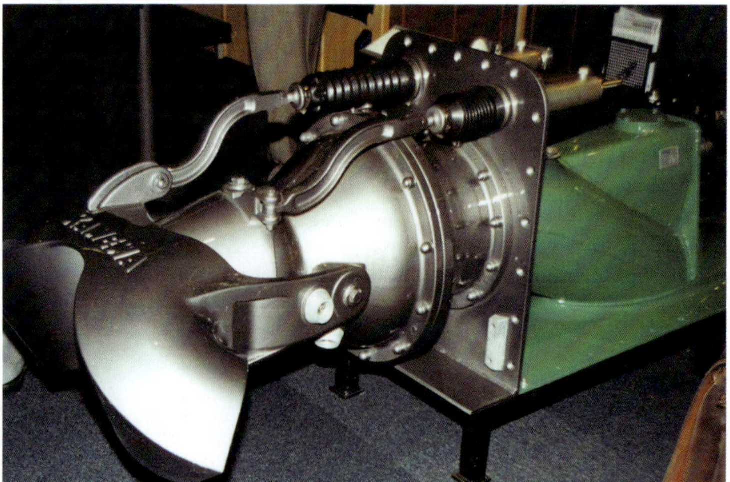

Ansicht eines Original-Jet-Antriebs, aufgenommen auf der SMM Ausstellung in den Hamburger Messehallen (SMM: Internationale Messe für Schiffbau, Maschinen und Meerestechnik).

Original-Jet-Antrieb des Beibootes BP 22 Neustrelitz der Küstenwache. Die Deflektorklappe befindet sich in Stellung Vorausfahrt.

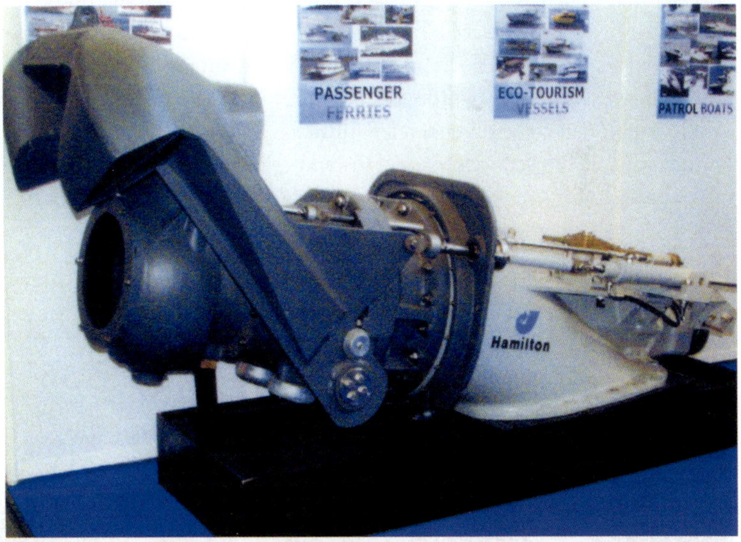

Ein weiterer Original-Jet-Antrieb der Firma Hamilton.

Schubumkehrklappe einzubauen, die den Wasserstrahl nach unten ablenkt. Dadurch drückt das umgelenkte Wasser das Boot nach hinten, bei gleichbleibender Drehrichtung des Motors. Im Jet-Modellboot ist für diese Umlenkung ein zweites Servo einzubauen, das die Umkehrklappe betätigt. Die Schubumkehr arbeitet ähnlich wie bei einem Düsenflugzeug. Während sich die Umkehrklappe bei einem Jet-Antrieb für Modellboote im Inneren des Steuerteils befindet, spricht man bei Originalschiffen von Deflektorklappen, die bei Rückwärtsfahrt außen über die Düse gestülpt werden. Gut zu sehen ist das auf den Bildern der gezeigten drei originalen Jet-Antriebe. Besonders gut zu erkennen ist die Ausstoßdüse mit hochgeklappter Deflektorklappe beim Beiboot des Küstenwachbootes *BP 22 Neustrelitz* der Küstenwache in Neustadt,

Schleswig Holstein. Zu sehen ist dieses Beiboot in der ZDF-Serie „Küstenwache“, jeden Mittwoch im Vorabendprogramm.

Jet-Antriebe werden vorzugsweise in Rettungseinheiten, Polizeibooten, Küstenwachbooten und Spezialschiffen sowie Marineschiffen eingesetzt. Wasserfahrzeuge mit Jet-Antrieb eignen sich besonders für Flachwassergebiete, da es keine nach unten herausstehenden Teile wie Ruder und Schiffspropeller gibt. Sie sind sehr schnell und selbst bei langsamer Fahrt äußerst wendig. Ein weiterer Vorteil ist, dass beim Betrieb mit Jet-Antrieben wesentlich weniger Vibrationen entstehen als bei einer Anlage mit Schiffspropellern.

Alle diese Vorteile und noch weitere kommen dem Marineschiffbau zu Gute. Besonders bei den neuen Korvetten werden immer mehr Jet-Antriebe eingesetzt. Ein Beispiel ist die schwedische Korvette *Visby*, die von HDW und *Kockums* entwickelt wurde. Wegen ihres kaum Vibrationen verursachenden Jet-Antriebssystems wird sie in Fachkreisen als „Flüsterkorvette“ bezeichnet. Vier Gasturbinen verleihen der Korvette eine Höchstgeschwindigkeit von 40 Knoten, das entspricht 76 km/h. Die Maschinen sind auf Dämpfern gelagert, was dazu beiträgt, den Lärm in Grenzen zu halten. Wegen ihres geringen Tiefgangs können die *Visby*-Korvetten küstennah fahren.

Aber die Korvetten der *Visby*-Klasse haben noch andere Vorteile. Die Schiffe sind auch für Radargeräte unsichtbar und sie werden auch von Infrarot-, Laser- und akustischen Sensoren nicht geortet. Daher werden sie auch als Tarnkappen-Korvetten bezeichnet. Das Bild zeigt die schwedische Fregatte K 33 der *Visby*-Klasse während eines Besuches im Hamburger Hafen.

Technische Daten der ***Visby***:
Abmessungen: Länge: 73 m, Breite: 10,4 m
Verdrängung: 600 t
Geschwindigkeit: 40 kn, entspricht 76 km/h
Antrieb: Vier Gasturbinen mit zusammen 16.000 kW auf zwei Waterjets bei Höchstfahrt
Zwei Dieselmotoren mit zusammen 2.600 kW für Marschfahrt

Schwedische Korvette der Visby-Klasse läuft zu einem Besuch in den Hamburger Hafen ein.

Schiffsmodell-Baukästen mit Jet-Antrieb

Etwa in den Jahren 1993/94 kamen die ersten mit Jet-Antrieb ausgerüsteten Schiffsmodell-Baukästen in den Fachhandel, darunter von der Firma *Graupner* die Motorjacht *Azimut Atlantic Challenger* im Maßstab 1:20. Der Jet-Antrieb war eine Neuheit auf dem Modellbau-Markt und wurde zunächst von den Modellbauern argwöhnisch betrachtet.

Das Original der Motorjacht *Azimut Atlantic Challenger* wurde auf der italienischen Benetti-Werft in Viaregio gebaut. Entworfen von dem bekannten Auto-Stylist Pinin Farina. Das Boot ist 27 Meter lang, vollkommen aus Aluminium gebaut und wird von vier 18-Zylinder-CRM-Motoren mit einer Leistung von insgesamt 6.000 kW angetrieben, die auf zwei Jets arbeiten.

Da auch das *Graupner*-Modell, wie sein Vorbild, von zwei Wasserstrahl-Jets, wie man damals sagte, angetrieben wurde, war dies eine kleine Sensation. Erstmals wurde ein Schiffsmodell nicht von Schiffspropellern sondern mit zwei Jet-Antrieben über das Wasser bewegt.

Da das *Graupner*-Modell *Azimut Atlantic Challenger* auch heute wieder im Angebot ist, und von der Firma Conrad Electronic vertrieben wird, gehe ich hier etwas ausführlicher darauf ein, da der Wasserstrahl-Antrieb von damals etwas anders aussah und aufgebaut war, als die heute z. B. von der Firma *Kehrer* angebotenen Jet-Antriebe, auf die ich weiter hinten im Buch zu sprechen komme. Der Grundbausatz enthält den fertigen Rumpf aus glasfaserverstärktem ABS, Holzteile, das Deck aus Sperrholz, den Aufbau aus ABS, Holzleisten, vorgeformte Teile für den Bau eines Bootsständers, Messingrohr, Alu-Rohr, Draht und einen Dekorbogen. Für die äußere Gestaltung ist ein Beschlagsatz erforderlich.

Alle übrigen Teile zum Fahrbarmachen des Modells müssen getrennt bezogen werden. Das sind: zwei Elektromotoren Speed 700, zwei Jet-Antriebe, zwei Getriebe für den Impellerantrieb, zwei Umkehrklappen, ein Fahrtregler, zwei Bleiakkus 6 V/8 Ah, ein Servo für Lenkung der Düsen und zwei Servos für je eine Umlenkeinrichtung. Zum Fernsteuern wird eine 3-Kanal-Anlage benötigt. Wird auf Rückwärtsfahrt verzichtet, genügt eine 2-Kanal-Anlage.

Wie ein Jet-Antrieb funktioniert haben wir ja bereits im vorigen Abschnitt erfahren. Der Zusammenbau der beiden *Graupner* Jet-Antriebe ist auf den Bildern zu sehen. Ein Jet-Antrieb besteht hier bei dieser Ausführung aus dem Tunnelkörper, dem Motor, einem Getriebe, das zwischen Motorwelle und Impellerwelle geschaltet ist, dem in den Düsenkörper eingebauten Impeller, der Düsenhalterung und der Umkehrklappe. Die Impellerwelle wird von außen durch eine Bohrung im Tunnelkörper zum Motor geführt. Die beiden Elektromotoren sind auf einer Halterung befestigt und arbeiten nicht

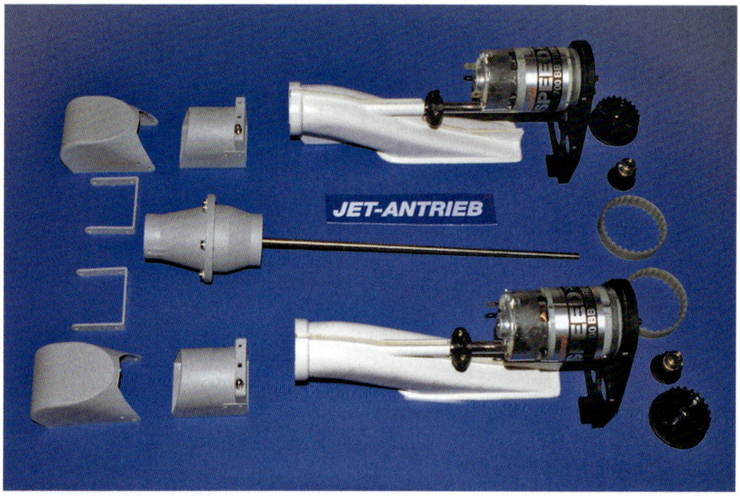

Jet-Antriebe des Modells Azimut Atlantic Challenger.

Schaltservos für die Lenkbewegungen der Steuerdüsen und der Umkehr-klappen.

Einbau der Motoren mit Getriebe und der Jet-Antriebe im Heck des Bootes.

Blick in den Maschinenraum nach aufgeklebtem Deck.

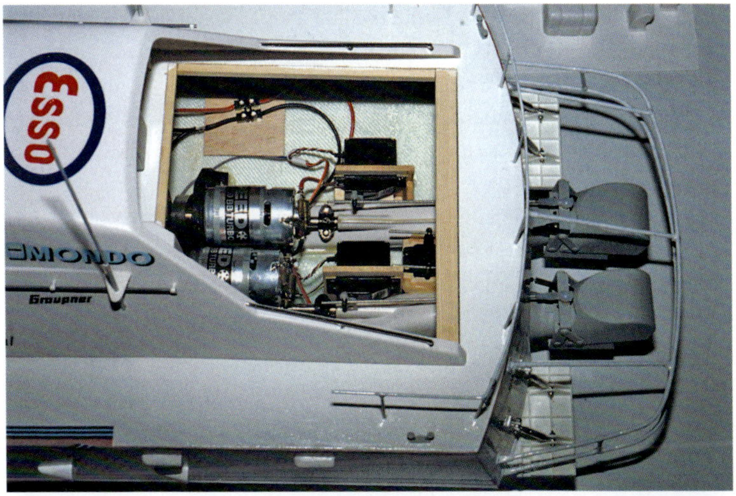

Anbringen eines Schutzgitters über den Umlenkkappen.

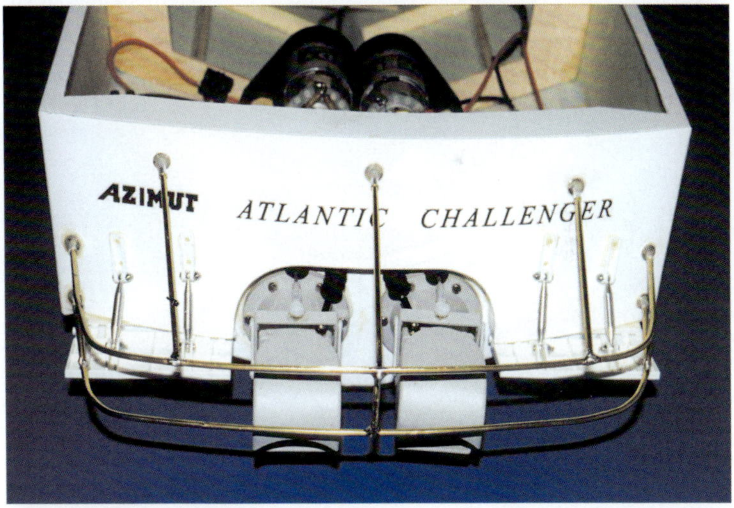

Die Ansaugöffnungen im Schiffsboden.

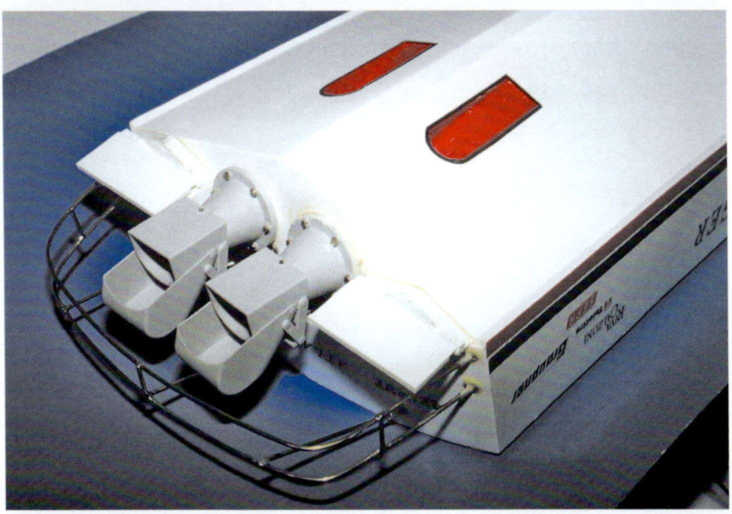

direkt auf die Impellerwelle sondern über ein Untersetzungsgetriebe, das von einem Keilriemen angetrieben wird. Für die Richtungsänderung der beiden Steuerdüsen ist ein Servo vorgesehen. Es lenkt beide Düsen über Lenkgestänge synchron nach links oder rechts. Die Umkehrklappen werden von je einem Servo gesteuert und von oben nach unten bewegt. Um die nach hinten herausragenden Lenkdüsen und Umlenkkappen gegen Beschädigung zu schützen, sind Schutzgitter aus Messingdraht vorgesehen. Das fertige Modell macht einen soliden Eindruck. Das Fahrbild kann sich sehen lassen. Die Manövrierfähigkeit ist ausgezeichnet. Bei halb heruntergelassenen Umkehrklappen und halber Drehzahl der Motoren bleibt das Modell stehen. Werden in diesem Zustand die Schwenkdüsen betätigt, nach rechts oder links, dreht das Boot auf der Stelle in die vorgegebene Richtung. Werden bei Geradeausfahrt die Umkehrklappen ganz nach unten gestellt, fährt das Modell rückwärts. Bei allen diesen Einstellungen bleibt die Drehrichtung der Motoren erhalten. Es gibt keine Umpolung bei Rückwärtsfahrt. An diesen Zustand muss man sich erst gewöhnen.

Abmessungen des Modells
Azimut Atlantic Challenger
Länge: 1.310 mm
Breite: 340 mm
Höhe: 360 mm
Verdrängung: 4,5 kg

Das Vorschiff der Azimut Atlantic Challenger.

Blick auf das Heck.

Die Azimut Atlantic Challenger in Fahrt.

Wie es im Inneren des Jet-Antriebs aussieht, erkennt man aus der Querschnitts-zeichnung. Sie zeigt auch den Zusammenbau des *Graupner* Jet-Antriebs für die Motorjacht *Azimut Atlantic Challenger* und das nachfolgend beschriebene Seenotrettungsboot *Hecht*.

Nach dem Bau und Testen der Motorjacht *Azimut Atlantic Challenger* war meine Begeisterung für dieses neue Antriebssystem so groß, dass ich bereits das nächste Bauobjekt im *Graupner*-Modellbaukatalog ausfindig gemacht hatte. Es war das Seenotrettungsboot *Hecht*.

Beim Original handelt es sich um einen neu entwickelten Bootstyp für die DGzRS (Deutsche Gesellschaft zur Rettung Schiffbrüchiger). Vier dieser 7 m langen Seenot-Rettungsboote sind zwischen der Mecklenburger und Pommerschen Bucht im Einsatz. Ihre Namen lauten: *Hecht*, *Zander*, *Barsch* und *Butt*.

Das *Graupner*-Modell wurde nach Unterlagen der DGzRS im Maßstab 1:10 entwickelt. Der Baukasten enthielt den fertigen ABS-Rumpf mit dem Deck, sowie alle weiteren Teile und Materialien für den Aufbau des Bootes. Der Jet-Antrieb und der Antriebsmotor Speed 700 BB Turbo mussten extra bezogen

Blick auf das Heck während der Fahrt.

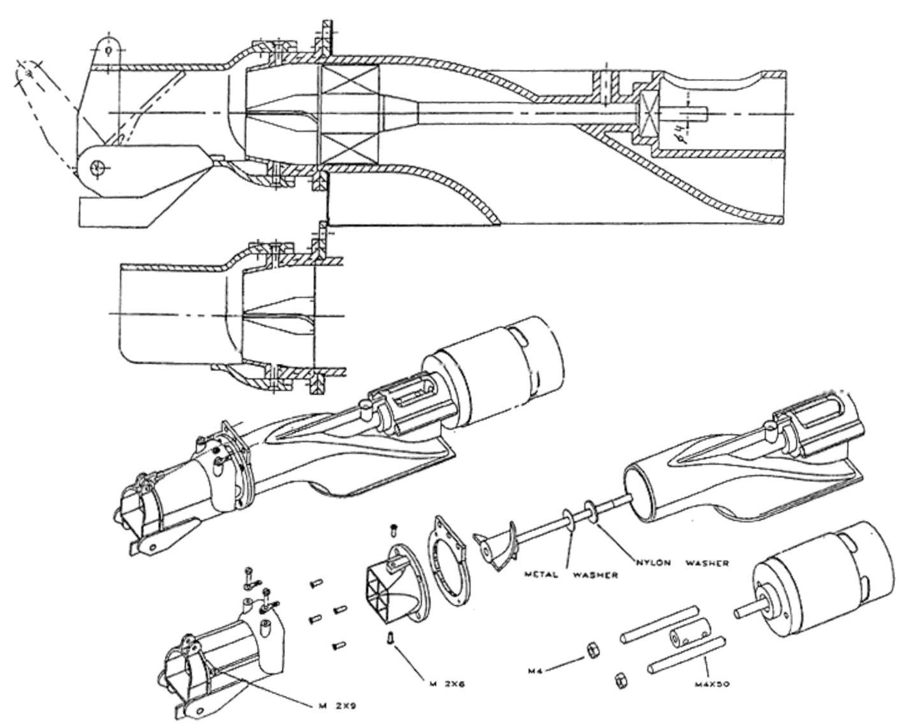

Aufbauzeichnung eines Graupner-Jet-Antriebs.

werden. Nachdem die Gleitkufen aus je zwei ABS-Schalen zusammengeklebt und am Heck des Rumpfes festgeklebt wurden, konnte der Einbau des Jet-Antriebes in den Rumpfboden erfolgen. Die Ausschnitte für den Ansaugtunnel und die Ausstoßdüse waren bei diesem Modell bereits fabrikationsmäßig eingearbeitet.

Das Jet-Ansaugrohr bestand aus zwei Schalen, die zusammengeklebt wurden. Das Ansaugrohr musste genau über dem Ausschnitt im Boden und das Impellerrohr im runden Heckausschnitt mittels Stabilit Express eingeklebt werden.

Der Antriebsmotor Speed 700 wurde am Lagerbock mit zwei Schrauben befestigt. Danach wurde der Motorlagerbock in die Lagerspanten eingesetzt und die Motorwelle mit der Impellerwelle durch eine Kardankupplung verbunden. Die Ausstoßdüse mit der daran befestigten Steuerdüse wurde von außen am Impellerrohr angeschraubt.

Auf der RC-Platte wurden der elektronische Fahrtregler, der Empfänger und die Empfängerstromversorgung mittels Klettband befestigt. Das Lenkservo für die Steuerdüse war seitlich vom Spantträger auf der Steuerbordseite angebracht. Da auf eine Umkehreinrichtung verzichtet wurde, war nur ein Servo erforderlich. Die beiden Fahrakkus lagerten links und rechts neben dem Motor.

Abmessungen des Modells
Seenotrettungsboot ***Hecht***:
Länge: 756 mm
Breite: 258 mm
Höhe: 505 mm
Verdrängung: 2,8 kg

Einbau des Jet-Antriebs in das Seenotrettungsboot Hecht.

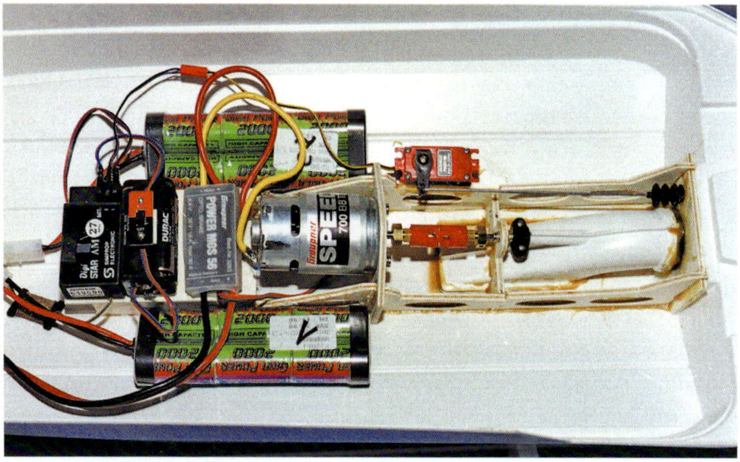

Das fertige Modell Seenotrettungsboot Hecht.

Die Hecht in Fahrt.

Inzwischen sind viele Jahre vergangen und die Entwicklung von Jet-Antrieben bei der Firma *Graupner* ging weiter. Heute wird der Jet-Antrieb 5, eine Weiterentwicklung des Jet-Antriebs 4, angeboten. Durch die Neugestaltung der Steuerdüse und der Umkehrklappe wurde eine wesentlich filigranere Ausführung erreicht. Da die Gehäuseform des Jet-Antriebs dem Jet-Antrieb 4 entspricht, kann dieser an Stelle des Vorgängers eingesetzt werden. Das Ansaugrohr und die Ausstoßdüse sind aus besonders robustem Alu-Druckguss und die Kunststoffteile aus glasfaserverstärktem Material hergestellt. Die Impellerwelle ist doppelt kugelgelagert. Der Kühlwasseranschluss ist in der Steuerdüse integriert.

Es ist möglich, die *Azimut Atlantic Challenger* auf ein oder zwei Jet-Antriebe 5 mit je einem direkt angetriebenen *Ultra*-Elektromotor umzubauen. In diesem Fall sollten der Rumpf etwas verstärkt und die Öffnungen entsprechend geändert werden.

Technische Daten des Jet-Antriebs 5:
Länge: 285 mm
Breite: 78 mm
Höhe: 85 mm
Flansch-Durchmesser: 78 mm
Welle Durchmesser: 7 mm
Impeller Durchmesser: 49 mm
Gewicht: 545 g
Bestellnummer: 2347

Für kleine und mittelgroße Boote gibt es bei *Graupner* auch noch den Mini-Jet. Er ermöglicht ein sehr präzises Steuern sowohl bei Vorwärts- als auch bei Rückwärtsfahrt. Alle Teile sind aus Kunststoff gespritzt. Die Welle besteht aus 3 mm Nirostastahl. Sie ist doppelt sintergelagert und einseitig abgedichtet. Im Lieferprogramm sind die Umkehrklappe und die Motorkupplung enthalten. Als Antrieb eignen sich Elektromotoren der Reihe Speed 500 und 600.

Technische Daten des Mini-Jet:
Länge: 110 mm
Länge mit Umkehrklappe: 130 mm
Breite maximal: 58 mm
Höhe: 50 mm
Impeller Durchmesser: 19 mm
Gewicht: 35 g (ohne Kupplung)

Etwa zur gleichen Zeit, nachdem ich das Modell *Hecht* fertiggestellt hatte, kam von *robbe* das Modell *Coast Guard SAR 33* auf den Markt, ein vorbildähnlicher Nachbau eines amerikanischen Küstenwachbootes mit zwei Jet-Antrieben. Das Boot machte auf mich einen so guten Eindruck, dass es nicht lange dauerte und der Baukasten bei mir ankam. Ich ging sofort ans Werk. Besonders der schnittige Rumpf hatte es mir angetan.

Nachdem das Modell fertig und ich von seinem Aussehen und den Fahreigenschaften fasziniert war, kannte meine Begeisterung für Jet-Boote keine Grenzen. Da ich auf dieses Modell auch später bei den *Kehrer* Jet-Modellen nochmals zu sprechen komme, zeige ich hier nur einige Bilder des fertigen Modells. Der Leser wird, nachdem er die Fahraufnahmen gesehen hat, sicherlich mir zustimmen, dass die *SAR 33* ein ganz außergewöhnliches Modell war.

Außer dem Modell *Coast Guard SAR 33* brachte *robbe* noch das Modell *Blue Star* mit einem Jet-Antrieb heraus.

Das fertige Modell US-Coast Guard SAR 33.

Ansicht von achtern auf die beiden Jet-Antriebe.

Die US-Coast Guard in Fahrt.

◀ Die SAR 33 aus der Kurve kommend. Hier erkennt man ganz besonders die schnittige Rumpfform.

▼ Wende nach Steuerbord.

▼ Blick in die Blue Star bei abgenommenem Cockpit.

▲ Die Blue Star in Fahrt.

◀ Modell Blue Star mit einem Jet-Antrieb von robbe.

3 Eine Firma spezialisiert sich auf den Jet-Antrieb

Nachdem ich die ersten *Graupner*- und *robbe*-Jet-Modelle zusammengebaut hatte und ganz begeistert von dieser neuen Antriebsart für Schiffsmodelle war, erfuhr ich von der Existenz einer Firma, die sich auf die Entwicklung und Herstellung von Jet-Antrieben und Jet-angetriebenen Modellbooten spezialisiert hat. Die Rede ist von der Firma *Kehrer*-Modellbau, Berlin (KMB). Die Firma KMB entwickelte die inzwischen weltbekannten Jet-Antriebe:

- 28 mm Kehrer-Jet
- 33 mm Kehrer-Jet
- 40 mm Kehrer-Jet

mit Steuereinheit und Rückfahrsystem nach *Kamewa*.

Außerdem bietet die Firma KMB mehr als 30 Scale- und Semiscale-Modelle in den Maßstäben 1:6 bis 1:30 an, die auch im Original mit Jet-Antrieben ausgerüstet sind. Der Modellbauer hat die Auswahl zwischen den drei oben angegebenen Größen von Jet-Antrieben und einer Reihe passender Motoren und Drehzahlsteller für jeden Jet-Antrieb. In Abhängigkeit von Jet-Größe und Motorwahl erreichen die KMB-Modelle Geschwindigkeiten zwischen 20 und 40 km/h. Standard-Motortypen für den 28 mm *Kehrer* Jet-Antrieb sind:

- Johnson-700, 12 Volt-Neodym, 60 mm, 1.500 U/V, 10 bis 14 Zellen
- Johnson-700, 9,6 Volt-Neodym, 66 mm, 1.650 U/V, 10 bis 14 Zellen

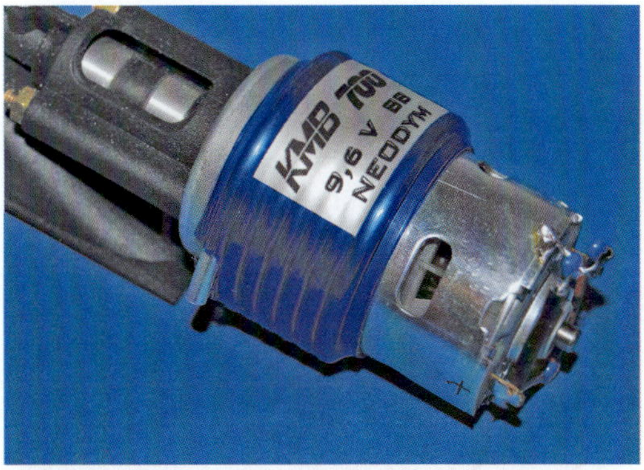

Johnson 700, 9,6-Volt-Neodym-Motor mit aufgedrehter Kühlschlange.

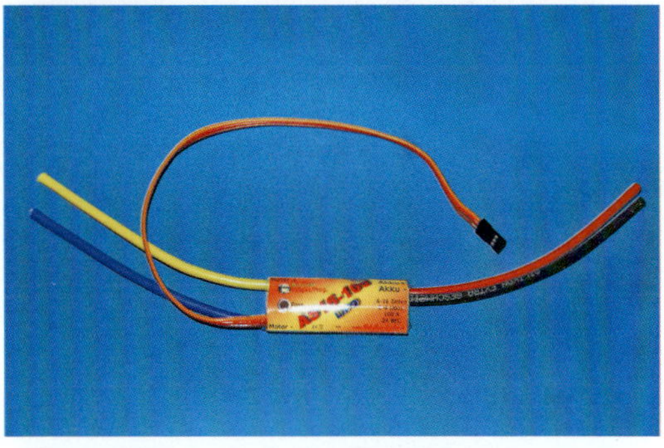

Drehzahlsteller AS-16/100BEC, Belastung bis 100 Ampere, daher ist keine Wasserkühlung erforderlich.

Die von KMB hergestellten Kleinserien entsprechen höchster Qualität. Um die Kosten möglichst niedrig zu halten, konzentriert sich die Firma KMB auf die Herstellung von Bootsrümpfen und bemüht sich für die Modelle Zubehörteile zu liefern, die vom Modellbauer extrem schwer zu fertigen sind. Es handelt sich daher um keine kompletten Baukästen, sondern um Materialsätze. Die Rümpfe der Modelle sind handlaminiert aus Glasfaser und Epoxydharz mit einer weißen Gelcoat-Schicht überzogen. Diese Schicht hat eine Stärke von 2 bis 3/10 mm und wird zuerst in die Form eingebracht. Danach folgen drei bis fünf Lagen Glasfaser/Epoxydharz. Bei allen Bootsrümpfen werden Deck und Rumpf in nicht ausgehärtetem Zustand in der Form zusammengefügt (nass in nass) und nach 24 Stunden im Trockenofen ausgehärtet, um maximale Festigkeit zu erreichen. Vor dem Lackieren der Rümpfe ist ein Abwaschen des Formentrennmittels (Polyvinylalkohol) mit heißem Wasser und ein Stumpfschleifen mit einer Körnung von 400er bis 600er-Sandpapier notwendig. Am Beispiel des 28-mm-*Kehrer*-Jets zeige ich den Auf- und Zusammenbau eines Jet-Antriebs. Hauptbauteil ist das 127 mm lange Jet-Gehäuse mit einer nach unten hin ca. 70 mm langen und 30 mm breiten Öffnung, der Tunnelöffnung. Das vordere Ende ist als Befestigung für die Aufnahme des Motors ausgebildet und das hintere Ende geht in die runde Düsenöffnung über.

Im Hohlraum des Tunnels ist die Impellerwelle gelagert, auf der sich der Impeller befindet. An der Welle wird die Motorkupplung angeschraubt. Die Düsenöffnung schließt ein Flanschring ab an dem die eigentliche Düse mit vier Senkkopfschrauben befestigt wird. In der Düse befindet sich der Stator, der vor dem Zusammenbau eingeklebt wird. An der Düse selbst ist das bewegliche Steuerteil festzuschrauben, in dem sich die Umkehrklappe befindet. Auf der Motorseite wird der Motor mit zwei mitgelieferten 4-mm-Schraubenbolzen befestigt, Motorwelle und Impellerwelle sind mit einer Kraftkupplung miteinander verbunden.

Wer im vorigen Abschnitt den Zusammenbau des *Graupner* Jet-Antriebes gesehen hat, wird feststellen, dass es bei der Umkehreinrichtung beider Jet-Antriebe einen Unterschied

Alle Bauteile für einen 28-mm-Kehrer-Jet-Antrieb.

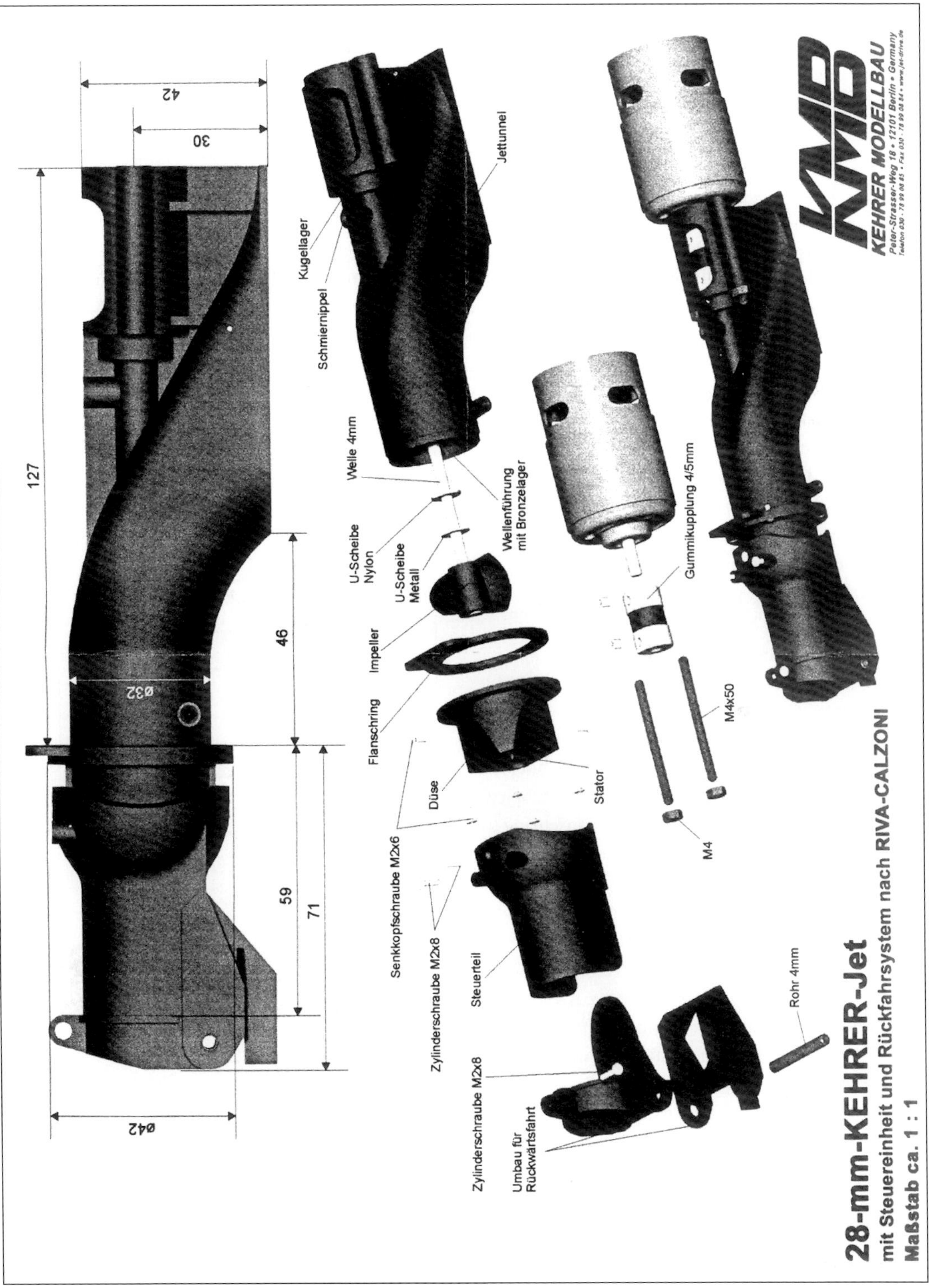

Zusammenbau eines 28-mm-Kehrer-Jet-Antriebs.

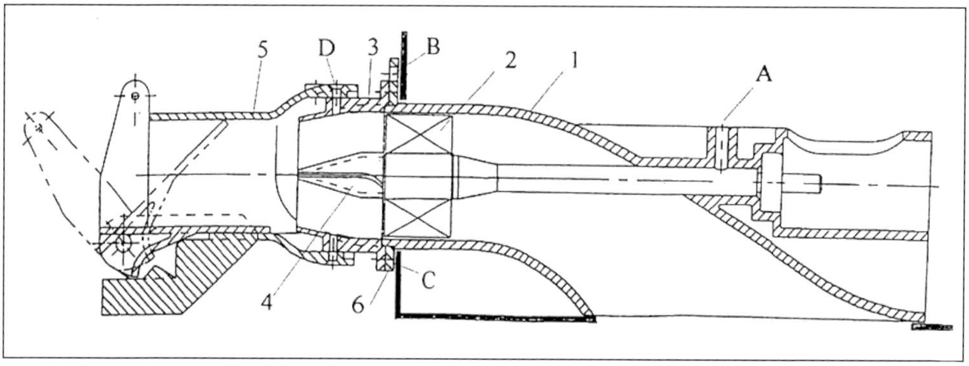

Querschnitt durch einen 28-mm-Kehrer-Jet-Antrieb.

gibt. Beim *Graupner* Jet-Antrieb befindet sich die Umkehrklappe außen über der Steuerdüse, beim *Kehrer* Jet-Antrieb befindet sie sich im Inneren der Steuerdüse.

Wie ein *Kehrer* Jet-Antrieb innen aufgebaut ist und in das Modell eingebaut wird, zeigt die Querschnittszeichnung eines 28-mm-Jets, mit einer Montageanleitung der Firma KMB.

Jeteinbau nach KMB

1. Den Ansaugtunnel (1) auf der Rumpfinnenseite an den Heckspiegel legen, die Höhe der Austrittsöffnung markieren und mit einem Durchmesser von 31 bis 32 mm ausschneiden.
2. Den Ansaugtunnel durch das Loch im Spiegel bis zum Anschlag schieben, den Flanschring (6) von außen aufsetzen und dann samt Tunnel gegen den Spiegel des Bootes zurückschieben.
3. Anpunkten des Flanschringes und des Jet-Tunnels mit Sekundenkleber. Überprüfen der Lage und danach endgültiges Festkleben mit Sekundenkleber. Die Klebestellen zusätzlich mit Epoxydkleber oder verdünntem Polyesterharz-Glasfaserspachtel auf der Rumpfinnenseite verstärken.
4. Die Bodenöffnung ausschneiden und an die Jet-Innenkontur anpassen.
5. Bohren der Löcher (B) durch den Heckspiegel im oberen Teil des Flanschringes für die Ansteuerung des Jets mit einem Bohrer, 3,1 bzw. 3,2 mm Durchmesser.
6. Bohren der vier Löcher (C) durch den Heckspiegel für die Düsenhalteschrauben mit einem Bohrer, 1,6 mm Durchmesser.
7. Stator (4) mit ABS-Kleber in Düse (3) einkleben.

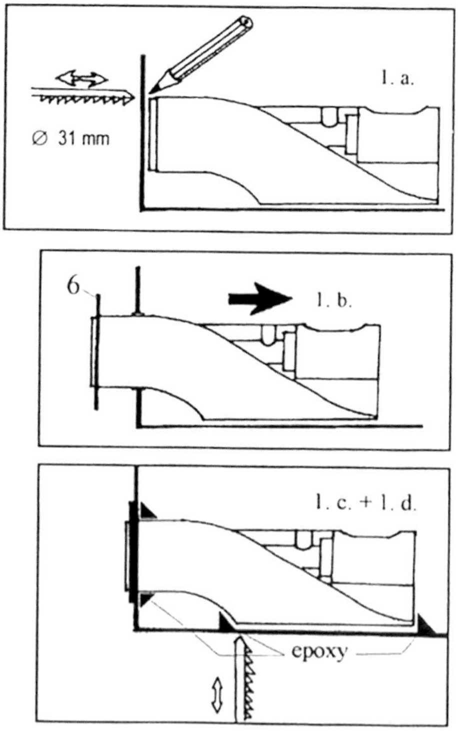

Einbauzeichnung für einen 28-mm-Kehrer-Jet-Antrieb.

8. Düsenanbau (3) durch Eindrehen unter leichtem Druck von M2-Senkkopfschrauben in den Flanschring. Falls erforderlich, mit einem M2-Gewindebohrer vorschneiden.
9. Steuerteil (5) mit M2-Schrauben befestigen (D). Die Schraubenbohrungen in der Düse sind konisch, daher mit leichtem Druck schrauben.

Motorbefestigung

1. Die beiden M4-Stehbolzen ca. 3 bis 4 mm in die Motorvorderseite einschrauben und sichern.
2. Zwischen Motor und Welle muss eine elastische Kupplung 4/5 mm eingesetzt werden.
3. Mit Gummikupplung axiales Spiel 0,1 bis 0,2 mm einstellen, u. U. Unterlegscheiben zwischen Jet-Kugellager und Gummikupplung einsetzen.
4. Motor anschrauben.
5. Motor an Kupplung anklemmen.

Achtung:
Kupplungen dieser Art dürfen nur mit zwei Schrauben einseitig auf der Welle festgeklemmt werden. Die beiden anderen Gewindebohrungen sind nur als Reserve vorgesehen.

Ansteuerung des Systems

1. Die Rechts-Links-Steuerung erfolgt über 2-mm-Bowdenzüge, wobei Seelen ohne Stahldraht verwendet werden sollen.

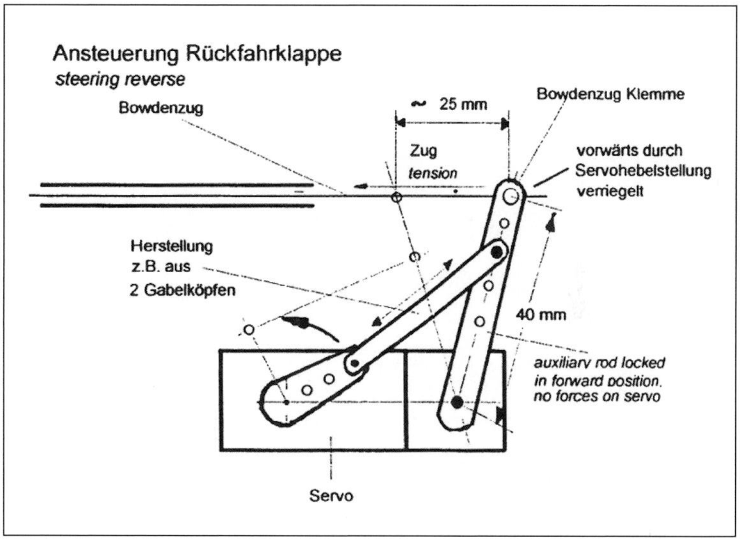

Ansteuerung der Rückfahrklappe.

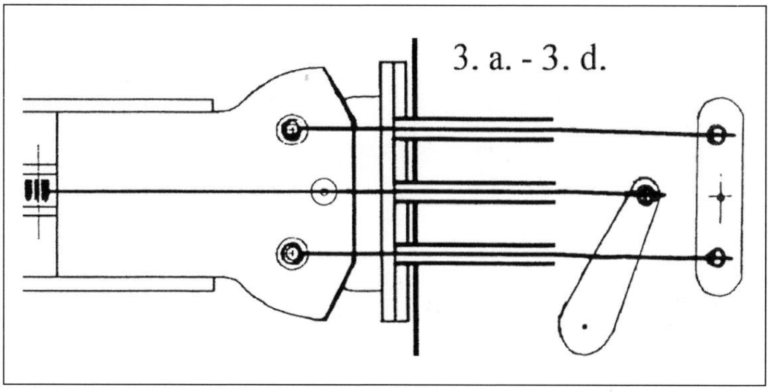

Ansteuerung der Schwenkdüse und Rückfahrklappe.

2. Für die Betätigung der Rückfahrklappe ist eine Seele mit Stahldraht zu verwenden.
3. Die Enden der Bowdenzughüllen auf der Rumpfinnenseite mit Sekundenkleber im Heckspiegel verkleben und auf der Außenseite des Flanschringes fluchtend abschließen lassen.
4. Für die Verbindungen Steuerteile – Bowdenzüge können Kugelkopfanschlüsse oder Lötösen verwendet werden, in die die Bowdenzugseelen eingeklebt werden.

Zur Steuerung der Düsen nach links und rechts und zur Steuerung der Umkehrklappe von Voraus- auf Rückwärtsfahrt werden einige Spezielteile benötigt:

Für die Servo-Ansteuerung für einen 28 mm-Jet nach links und rechts wird benötigt:

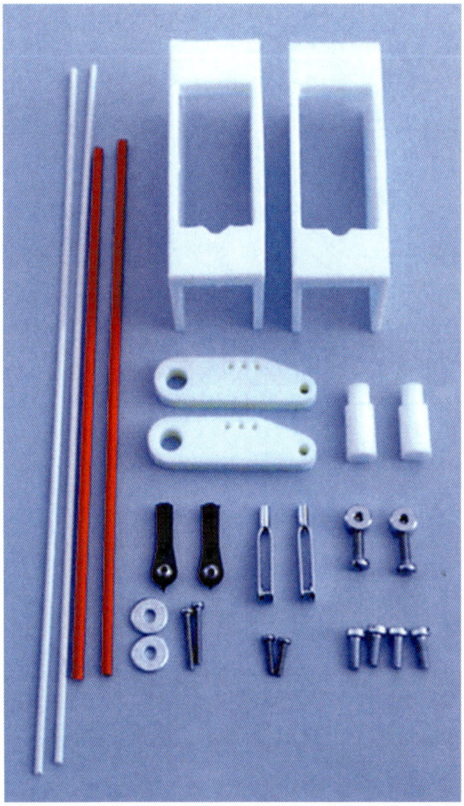

Teile für Servo-Ansteuerung für 2×28-mm-Jets, vorwärts/rückwärts SER72. (Quelle: Kehrer-Katalog)

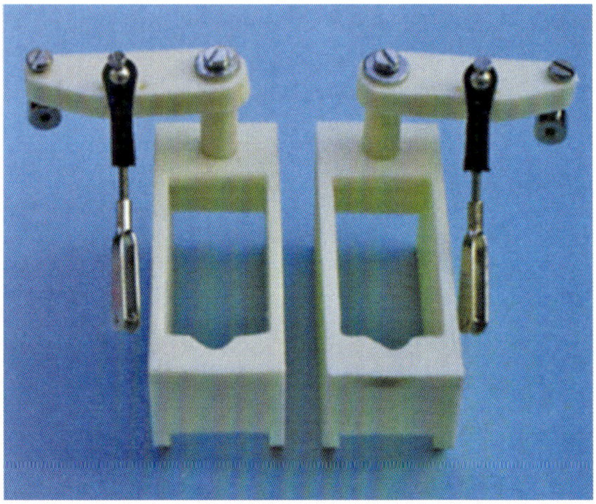

Servo-Ansteuerung für 2×28-mm-Jets SER72 zusammengebaut. (Quelle: Kehrer-Katalog)

- 1 Servo-Ansteuerung *Kehrer*-Bestellnummer SER51.
- Für zwei 28-mm-Jets: 1 Servo-Ansteuerung, *Kehrer*-Bestellnummer SER52.
- Für die Servo-Ansteuerung für einen 28-mm-Jet nach voraus und rückwärts wird benötigt: 1 Servo-Ansteuerung *Kehrer*-Bestellnummer SER71.
- Für zwei 28-mm-Jets: 1 Servo-Ansteuerung *Kehrer*-Bestellnummer SER72.
- Für zwei 28-mm-Jets synchron: 1 Servo-Ansteuerung *Kehrer*-Bestellnummer SER06.
- Alle weiteren Servo-Ansteuerungen sind dem *Kehrer*-Katalog zu entnehmen.

In den meisten Fällen müssen Fahrtregler und Motoren gekühlt werden, wofür das Wasser aus dem See verwendet wird. Oft genügt es nur den Motor zu kühlen, in anderen Fällen muss auch der Fahrtregler gekühlt werden. Meist wird ein Messingrohr in den Rumpfboden eingeklebt, das als Wassereinlass dient und ein zweites Rohr in der Bordwand dient als Auslassrohr. Die Firma KMB hat für einige Modelle eine elegante Lösung gefunden. In die Steuereinheit ist ein kleines Röhrchen eingebaut das während des

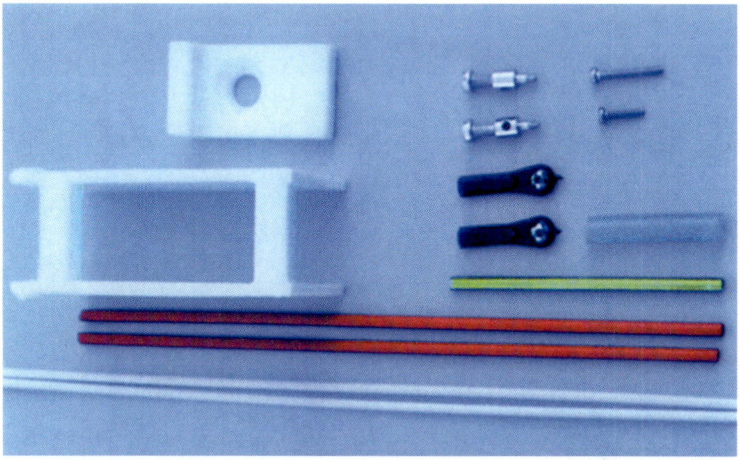

Teile für Servo-Ansteuerung für 2×28-mm-Jets synchron, SER06. (Quelle: Kehrer-Katalog)

Servo-Ansteuerung für 2×28-mm-Jets synchron vorwärts/rückwärts zusammengebaut SER06. (Quelle: Kehrer-Katalog)

Betriebes vom Impeller mit Wasser versorgt wird. Der Impeller drückt das Wasser aus der Düse heraus und ein Teil gelangt durch das Röhrchen nach innen über einen Kunststoffschlauch zum Motor. Der Kühlwasserauslass erfolgt über ein anderes Rohr in einer der beiden Bordwände oder wie beim Modell *Jet-Ski* gezeigt, gleich wieder im Heck des Bootes. Wie kam es überhaupt zur Entwicklung der weltbekannten *Kehrer* Jet-Antriebe, nachdem Jahrzehnte lang Schiffsmodelle mit Schiffsschrauben, heute sagt man Schiffspropeller, angetrieben wurden? Da ich mir sehr gut vorstellen kann, dass diese Frage auch meine Leser interessieren dürfte, habe ich Frau Kehrer gebeten, mir einen Bericht über die Firmengründung zu schicken, da Herr Wolfgang Kehrer, der Firmengründer, im Jahre 2006 leider verstorben ist.

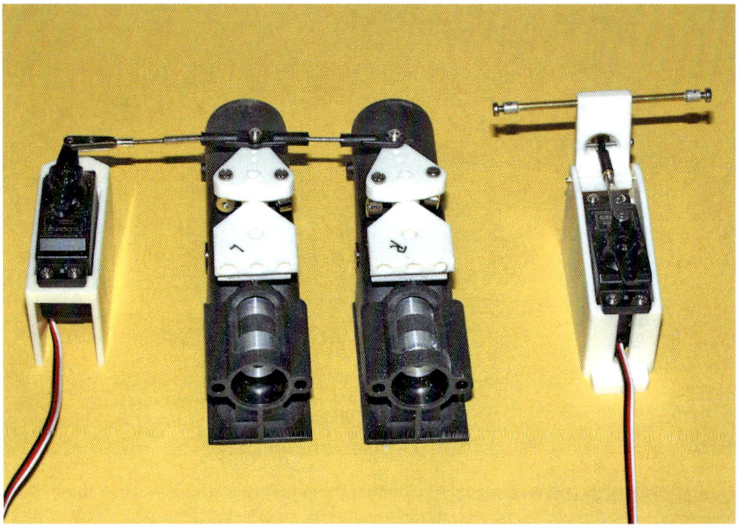

Zweifach Jet-Tunnel mit einer Servo-Ansteuerung SER52 für rechts/links und rechts daneben eine Servo-Ansteuerung SER06 für voraus und rückwärts.

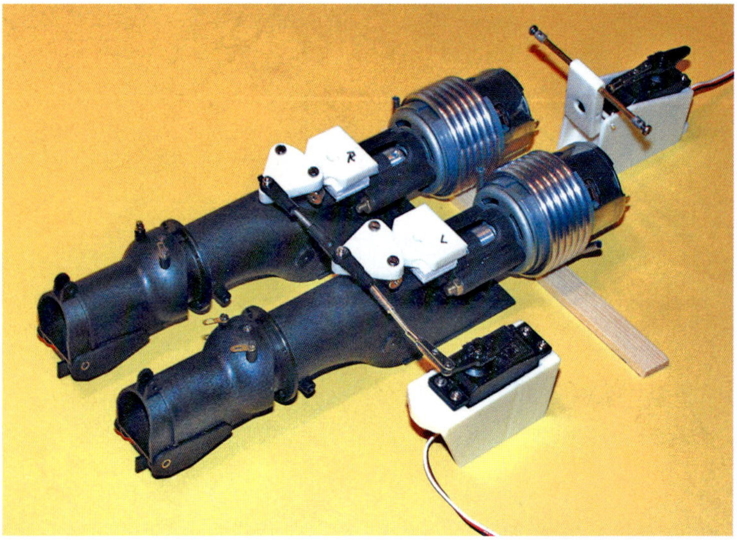

Zweifach Jet-Antriebe mit Servo-Ansteuerung SER52 und SER06.

Hier der Bericht von Frau Kehrer:

Wolfgang Kehrer, der Entwickler von „modellfähigen" Wasserstrahlantrieben war ein passionierter Schiffsmodellbauer. Schon als Kind verarbeitete er alle verfügbaren Materialien zu Schiffen. Diese Leidenschaft wollte er auch beruflich ausleben und begann Schiffbau zu studieren. Die Werftenkrise machte ihm jedoch einen Strich durch die Rechnung und Wolfgang Kehrer wechselte die Studienrichtung. Das folgende Maschinenbaustudium und die Spezialisierung auf Strömungs- und Verfahrenstechnik gab seiner Leidenschaft einen neuen Aspekt: Den Ehrgeiz Modellschiffe strömungsgünstiger zu gestalten und damit schneller zu machen. Der Weg führte weg von dickbäuchigen Schiffen hin zu rasanten Motoryachten.

Ein Freund, der gerade die *Gentry Eagle*, ein Rekordboot zur Atlantiküberquerung, im Maßstab 1:20 baute, suchte Antriebe, wie sie

Der Kühlwassereinlass von der Steuerdüse ist auch eine Möglichkeit den Motor mit Kühlwasser zu versorgen.

Angewendet wird diese Methode beim Modell Jet-Ski. Der Kühlwasserauslass ist über dem Einlass eingebaut.

auch das Original hat: Jet-Antriebe. Da auf dem Markt keine brauchbaren Jet-Antriebe zur Verfügung standen, hieß es: „Wolfgang, konstruiere mal Jets. Wenn einer das kann, dann du.“ Die Idee, Jet-Antriebe für Schiffsmodelle zu fertigen, war geboren und Wolfgang Kehrer begann zu recherchieren, zu experimentieren und zu erproben.

Viel Zeit, viele Testmodelle und ganze Testserien waren für die Optimierung nötig, da sich die Jets in Originalgröße nicht einfach verkleinern ließen. Nach einer Entwicklungszeit von etwa fünf Jahren sind aus all diesen Testreihen effiziente Jet-Antriebe mit Impeller-Durchmessern von 40 mm, 33 mm und 28 mm entstanden. Da Wolfgang Kehrer seine Entwicklung gerne allen Modellbauern zugänglich machen wollte, wurde 1995 das Familienunternehmen *Kehrer*-Modellbau gegründet.

Der kleinste der Jet-Antriebe bot sich für eine Serienfertigung an. So wagte *Kehrer*-Modellbau den Sprung in´s kalte Wasser und ließ Spritzgussformen für die Einzelteile des kleinsten „*Kehrer*-Jets“ herstellen. In den Firmen *robbe* und *Billing Boats* fanden sich zunächst Großabnehmer, die mehrere Modelle mit den 28-mm-*Kehrer*-Jets in ihr Programm aufnahmen. Zwischenzeitlich war auch die *Gentry Eagle* des Freundes mit den bis heute komplett in Handarbeit hergestellten 40-mm-*Kehrer*-Jets fertiggestellt und flog geradezu über das Wasser. Da das Modell aber mit einer Länge von 165 cm etwas unhandlich und durch die erforderliche Motorisierung ziemlich teuer ist, wurde das Schiff für den Maßstab 1:30 umkonstruiert und war nun mit einem 28-mm-*Kehrer*-Jet und preiswerten Motoren der Reihe 700 zu fahren.

„Da ein Schiff kein Schiff ist“, wurden nach und nach die verschiedensten Modelle, die auch im Original mit Jet-Antrieben ausgerüstet sind, in das Programm mit aufgenommen. Vorwiegend wurde der Maßstab 1:30 beibehalten, da hier die Jets von der Leistung und Optik her am besten passen.

Umfassende Beratungen per Telefon oder auf Messen machten Wolfgang Kehrer zu einer sprudelnden Informationsquelle. Er wurde nicht müde die Funktionen des Jet-Antriebes zu erklären. Durch seine nie versiegende Begeisterung, Schaffenskraft und Liebe zum Schiffsmodellbau wurde er in der Modellbau-Szene bekannt und erhielt den Beinamen „Jet-Papst.“ Leider verstarb er viel zu früh im Jahre 2006 und mit ihm viele Ideen, die in seinem ständig konstruierenden Kopf vorhanden waren. In all den Schaffensjahren haben ihn seine Frau und seine Söhne begleitet und so ist es nicht verwunderlich, dass sein Sohn Thomas Kehrer die Firma *Kehrer*-Modellbau nach seinem Tod übernommen hat. Er ist mit dem Schiffsmodellbau groß geworden und hineingewachsen. Seit 2007 wird *Kehrer*-Modellbau von Thomas Kehrer erfolgreich geführt. Auch er wird nicht müde, persönlich oder per Telefon die Funktionen und Anwendungsbereiche der *Kehrer*-Jet-Antriebe ausführlich zu erklären. Neue Anwendungsgebiete wurden erschlossen. So werden z. B. seit einiger Zeit Jet-Antriebe in Futterbooten für Karpfenfischer (Baitboats) eingebaut. Hier macht man es sich bei den langen Booten zunutze, dass Jets keine außen liegenden Schiffspropeller haben und die Angelleine sich nicht verfangen kann. Aber auch schiffsmodellfremde Elemente wie Surfboards werden mit Jet-Antrieben ausgerüstet.

Bis heute hat *Kehrer*-Modellbau 25 Schiffsmodelle und vier verschiedene Jet-Antriebe im Programm.

Anmerkung:
Wolfgang Kehrer (geboren am 19.08.1943, gestorben am 13.01.2006) war lange in der Industrie tätig und hat strömungstechnische Apparate weltweit für die Petrochemie konstruiert und verkauft. Dabei hat er 23 Patente erhalten, die heute noch von seinem ehemaligen Arbeitgeber vermarktet werden. Bedingt durch seine Erkrankung konnte er die erforderliche Reisetätigkeit nicht mehr ausüben und wurde zum Professor für Umwelt- und Verfahrenstechnik berufen und hat etliche Studentenjahrgänge an seinem praktischen Wissen teilhaben lassen. Er wusste, wovon er sprach, auch hier geduldig und unermüdlich. Das machte ihn bei seinen Studenten äußerst beliebt.

4 Bauhinweise zu RC-Schiffsmodellen mit Jet-Antrieb

Beim Bau von RC-Schiffsmodellen mit Jet-Antrieb wiederholen sich einige Arbeiten immer wieder, sodass ich hier zunächst auf die immer wiederkehrenden Arbeiten und Handgriffe eingehe, um mich nicht bei jedem beschriebenen Modell wiederholen zu müssen.

Beim Aufbau der Schiffsmodelle selbst bleibt alles wie bisher und ich setze voraus, dass der Modellbauer mindestens ein RC-Schiffsmodell mit Schiffspropellerantrieb aus einem Baukasten aufgebaut hat. Selbst beim Einbau der RC-Anlage mit Empfänger, Fahrtregler und Lenkservo ändert sich kaum etwas. Neu ist nur der Einbau des Jet-Antriebes anstatt eines Motors mit Stevenrohr, Antriebswelle und Schiffspropeller.

Wie wir noch sehen werden, lassen sich RC-Schiffsmodelle mit einem, zwei oder sogar drei Jet-Antrieben aufbauen. Dazu müssen zunächst die Vorbereitungen im Rumpf getroffen werden. Dazu ist es erforderlich, für je einen Jet-Antrieb einen länglichen Ausschnitt im Rumpfboden für die Aufnahme des Jet-Tunnels und eine weitere runde Öffnung im Heckspiegel für die aus dem Heck ragende Düse einzuarbeiten.

Bei einem Modell mit nur einem Jet-Antrieb ist das einfach, im Rumpfboden wird genau die Mitte abgemessen. Tunnelöffnung und Düsenausschnitt bilden eine Linie. Bei zwei Jet-Antrieben geht man von der Mittellinie am Boden aus und misst von da einmal nach rechts und einmal nach links die Maße ab, die für zwei nebeneinander stehende Jet-Antriebe erforderlich sind. Das werden im Regelfall mindestens 90 mm sein. Allerdings muss man beim Abmessen auch auf die Beschaffenheit des Schiffsbodens Rücksicht nehmen, denn die Auflagefläche für den Jet-Tunnel muss absolut plan sein.

Bei einem Boot mit drei Jet-Antrieben geht man so vor, dass zunächst der mittlere Antrieb eingezeichnet und anschließend die beiden anderen Mittellinien nach links und rechts abgemessen und eingezeichnet werden.

Haben wir die Lage der Mittellinie bei einem Boot mit nur einem Jet-Antrieb genau festgelegt, so wird das Jet-Gehäuse genau über die Mittellinie gestellt und die Umrisse der Tunnelöffnung am Boden und die Düsenöffnung im Heck werden angezeichnet. Da die Düsenöffnung des Jet-Gehäuses später etwa 2 mm nach hinten durch den Heckspiegel herausstehen muss und man weiß, dass die Düsenöffnung einen Außendurchmesser von 31 mm hat, ist es besser, zunächst diesen Ausschnitt im Heck einzuarbeiten. Man hat dann die Möglichkeit, das Jet-Gehäuse von innen nachzuschieben, sodass die Düse durch das Heck ragt. Um die genaue Lage der Düse zu ermitteln, gibt es einen Trick, der sich lohnt, angewendet zu werden, um keine Verschiebungen nach rechts oder links zu erhalten. Und das geht so: Man befestigt den Tunnel am Boden provisorisch mit Klebestreifen, dass die Rundung der Düse genau am Heckspiegel anliegt. Nun nimmt man eine Lichtquelle zu Hilfe und leuchtet innen von hinten über das Jet-Gehäuse auf die Düse. Von außen sind die Umrisse der Düse durch das Anstrahlen mit einer Lichtquelle zu sehen und mit einem Bleistift werden die Umrisse außen auf dem Heckspiegel angezeichnet. Auf diese Weise hat man die Lage der Düse genau ermittelt und kann so den Mittelpunkt festlegen. Um einen einwandfreien Umriss zu erhalten, wird die kreisrunde Öffnung mit einem Zirkel nachgezeichnet.

Im nächsten Arbeitsgang wird die kreisrunde Öffnung ausgearbeitet. Da ein Aussägen mit der Laubsäge nicht in Betracht kommt, geht man folgendermaßen vor. Das gilt ebenfalls für das Ausarbeiten der Tunnelöffnung. In eine elektrische Handbohrmaschine wird ein 1 mm starker Bohrer eingesetzt und es wird Loch neben Loch längs der eingezeichneten Rundung gebohrt. Ist dies geschehen, nimmt man ein scharfes Hobbymesser in die Hand und trennt von Loch zu Loch die kreisrunde Scheibe aus dem Heck. Mit Schmirgelpapier wird die Rundung begradigt.

Bevor wir nun bei der Tunnelöffnung wie beschrieben weiter machen, wird das Gehäuse des Jet-Antriebs soweit durch das Düsenloch geschoben, dass etwa 2 mm der Düse herausragen. In dieser Lage wird die Tunnelöffnung nochmals nachgezeichnet, denn man kann jetzt sicher sein, dass der Jet-Tunnel seinen richtigen Platz gefunden hat. Da die Umrandung der Tunnelöffnung die äußeren Maße betrifft, müssen wir von der Umrandung ca. 2 bis 3 mm als Klebefläche stehen lassen. Erst jetzt verfahren

Einbau eines Jet-Antriebs in den Rumpf eines Rennbootes.

Einbau von zwei Jet-Antrieben in den Rumpf einer Motorjacht.

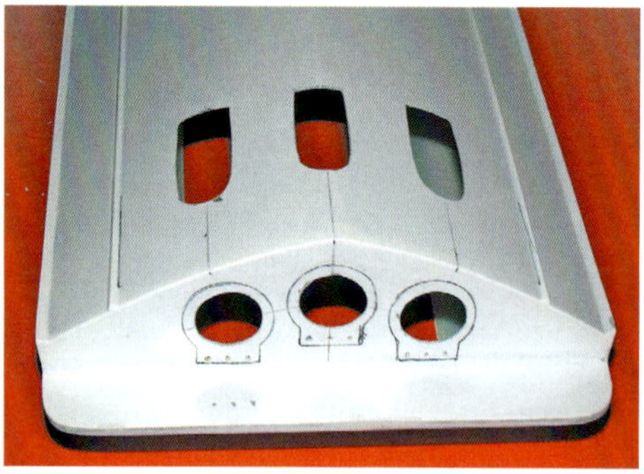

Einbau von drei Jet-Antrieben in den Rumpf eines Schnellbootes.

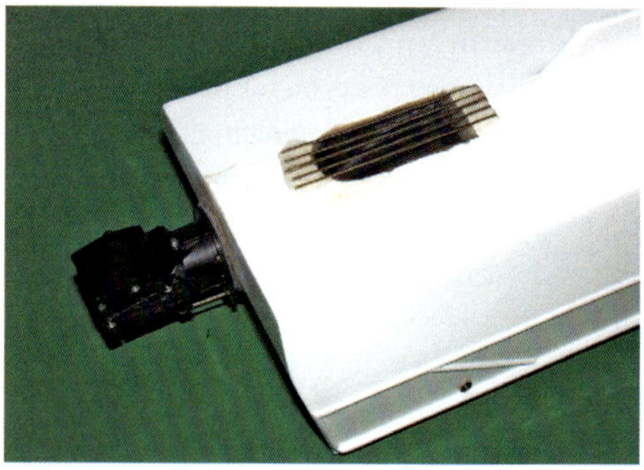

Schutzgitter über der Ansaugöffnung eines Jet-Antriebes, um Verunreinigungen während des Betriebes vom Impeller fern zu halten.

wir so wie beim Ausschneiden der Düsenöffnung beschrieben. Loch für Loch bohren und anschließend mit einem Hobbymesser die Tunnelöffnung ausschneiden und mit Schleifpapier planschleifen.

Die gleiche Prozedur wird auch bei den anderen Jet-Tunnel- und Düsenöffnungen durchgeführt, wenn zwei oder drei Jet-Antriebe in das Boot eingebaut werden sollen.

Da Modellbootteiche, Seen oder sonstige Gewässer in denen Modellboote gefahren werden, oft stark verschmutzt sind, z. B. durch Blätter, Federn von Enten und sonstigen Kleintieren, müssen die Jet-Antriebe geschützt werden, damit diese Verunreinigungen nicht durch den Jet-Tunnel angesaugt und zum Impeller gelangen können, das wäre nämlich das Ende für den Spaß am Fahren! Auch Schiffspropeller sind durch solche herumschwimmenden Teile gefährdet, denen macht es jedoch nicht soviel aus, wenn sich ein kleiner Zweig im Propeller verfängt. Im günstigsten Fall wird er zerkleinert und verschwindet. Ganz anders bei unserem Jet-Antrieb. Gelangt ein Zweig durch den Tunnel zum Impeller, so kann der Zweig den Impeller blockieren, der Motor wird abgebremst oder bleibt stehen, der Fahrtregler wird überlastet und gibt seinen Geist auf. Schluss mit Lustig!

Damit das nicht passieren kann, muss die Tunnelöffnung am Schiffsboden vor eindringenden Verunreinigungen jeder Art geschützt werden. Kein Problem. Aus 1,5 mm starkem Messingdraht werden etwa 6 bis 8 ca. 100 mm lange Stücke abgeschnitten und gleichmäßig über der Tunnelöffnung in Längsrichtung liegend verteilt am äußeren Schiffsboden angeklebt, sodass eine Art Schutzgitter entsteht. Damit ist die Gefahr für Immer behoben. Dieses Gitter muss natürlich bei Booten mit mehreren Jet-Antrieben über allen Tunnelöffnungen angebracht werden.

Des Weiteren ist die Kühlung von Motoren und Fahrtreglern bei Jet-Antrieben besonders zu beachten. Die Motoren und Fahrtregler werden daher meistens wassergekühlt. Motoren sind mit Alu-Kühlschlangen umgeben. Auf der einen Seite der Kühlschlange wird das Kühlwasser hereingedrückt, auf der anderen Seite läuft es wieder heraus. Wassergekühlte Fahrtregler sind so konstruiert, dass auf der Elektronik des Reglers ein kleiner Blechbehälter angeordnet ist, aus dem zwei Rohrstutzen herausragen, einer für den Wassereinlauf, der andere für den Wasserauslauf.

Nun gibt es mehrere Möglichkeiten, das Kühlwasser zu den Motoren und Fahrtreglern zu bringen. Um die Wasserkühlung fließen zu lassen, kann man schräg zum Schiffsboden in Fahrtrichtung des Modells ein etwa 4 mm starkes Messingrohr einkleben. Da das Rohr unter Wasser liegt, strömt das Kühlwasser bei Fahrt durch das Einlassrohr zum Motor und zum Fahrtregler.

Das Rohr mit der Auslassöffnung befinden sich an einer der beiden Bordwände über der Wasseroberfläche. Für die Verbindungen zwischen den einzelnen Rohren und dem Motorkühlsystem selbst wird Kunststoffschlauch verwendet. Dies ist die einfachste Lösung, Motor und Fahrtregler zu kühlen. Wie wir später bei einigen Modellen sehen werden, können auch kleine Zahnradpumpen eingebaut werden, die das Kühlwasser aus dem See ansaugen und zu den Verbrauchern pumpen.

Wenn der Motor und der Fahrtregler zu kühlen sind, ist noch etwas zu beachten. Es hat nämlich wenig Sinn, den Kühlwasserkreislauf so aufzubauen, dass zunächst der Motor und danach der Fahrtregler gekühlt werden oder umgekehrt. Das Wasser wird beim Durchfluss durch die Alu-Kühlschlange des Motors so weit aufgewärmt, dass es reichlich vorgewärmt beim Fahrtregler ankommt. Der Regler wird daher nicht ausreichend gekühlt, was schlimme Folgen nach sich ziehen kann. Es ist also viel besser zwei getrennte Kühlwasserkreisläufe einzubauen, einen für den Motor und einen für den Fahrtregler. Das bedeutet, ein weiteres Loch in den Rumpfboden zu bohren und ein weiteres Kühlrohr einzukleben. Um das zu vermeiden, gibt es sogenannte Dreiwegeverteiler von der Firma *Conrad Electronic*. Das sind kleine, runde Aluplatten, aus denen drei kurze Rohrstücke austreten. Im Inneren sind diese Aluteile hohl, damit das Kühlwasser durchfließen und an jedem der drei Rohrstücke ein- oder austreten kann. Wird das vom See kommende Kühlwasser zu einem Rohrende geführt, kommt es bei den beiden anderen Enden wieder heraus und das nutzt man so aus, dass an das eine Ende der Kühlwasserkreislauf für den Motor und an das andere Ende der für den Fahrtregler angeschlossen wird. Der Kühlwasserstrom wird aufgeteilt und erhält zwei Ausflüsse, die in Rohren an der Bordwand enden. Von dort fließt das erwärmte Wasser wieder in den See zurück.

Wie erwähnt, ist es bei Modellen mit mehr als einem Jet-Antrieb manchmal erforderlich, für die Kühlung von Motoren und Fahrtreglern eine Kühlwasserpumpe vorzusehen. Das sind

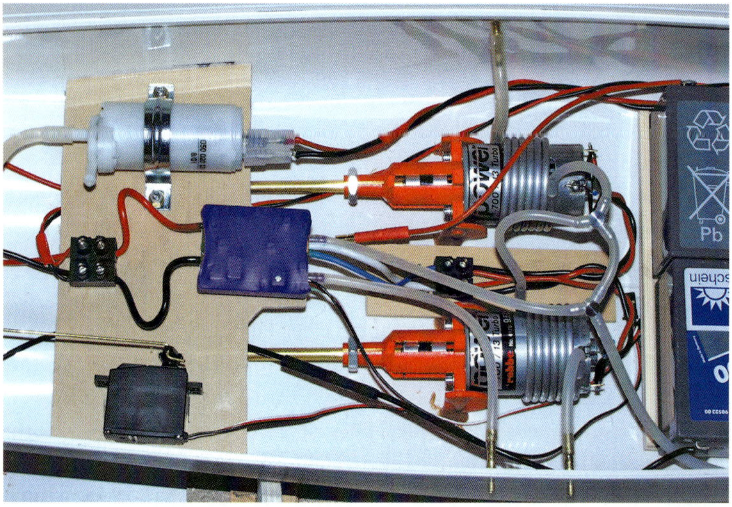

Aufteilung eines getrennten Kühlwasserkreislaufes am Beispiel von zwei Motoren und einem Fahrtregler über zwei Dreiwegeverteiler.

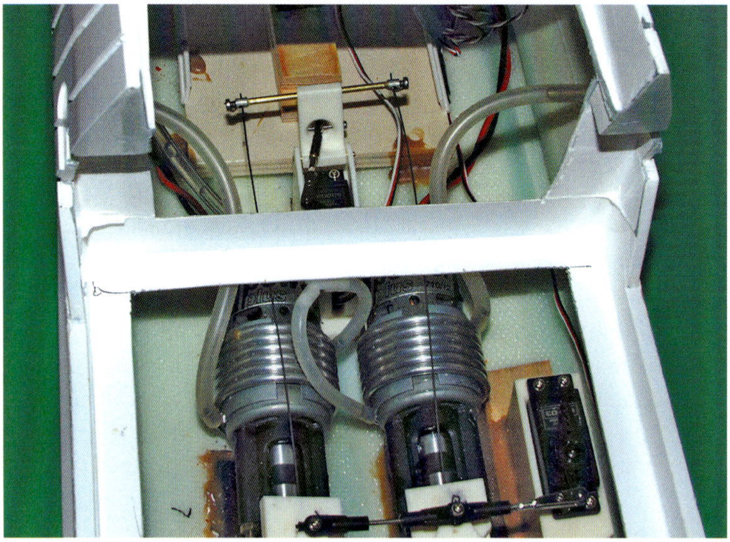

Auch bei diesen zwei Jet-Antrieben übernimmt ein Dreiwegeverteiler die Trennung zwischen beiden Motoren.

kleine Zahnradpumpen, die es bei *Conrad Electronic* gibt. Ein in den Schiffsboden eingeklebtes Messingrohr, ca. 4 mm Durchmesser, dient als Ansaugstutzen. Von dort führt ein Kunststoffschlauch zum Saugstutzen der Kühlwasserpumpe und von der Druckleitung führen wiederum Kunststoffschläuche zu den Verbrauchern, wie oben beschrieben. Eine Kühlung durch eine Kühlwasserpumpe hat den Vorteil, dass sie noch vor Fahrtbeginn eingeschaltet werden kann und das Kühlwasser ständig in Fluss ist. Bei einem im Wasser still liegendem Modell kann man das Auslaufen des Kühlwassers gut erkennen. Der Einbau einer Kühlwasserpumpe ist vor allem auch dann angebracht, wenn mehrere Jet-Antriebe in ein Boot eingebaut werden, denn zu den drei zu kühlenden Motoren kommt dann noch der Fahrtregler dazu, sodass vier Külwasserkreisläufe erforderlich werden. Die Teilung wird wieder mit den oben erwähnten Dreiwegeverteilern, von denen in diesem Fall zwei benötigt werden, vorgenommen.

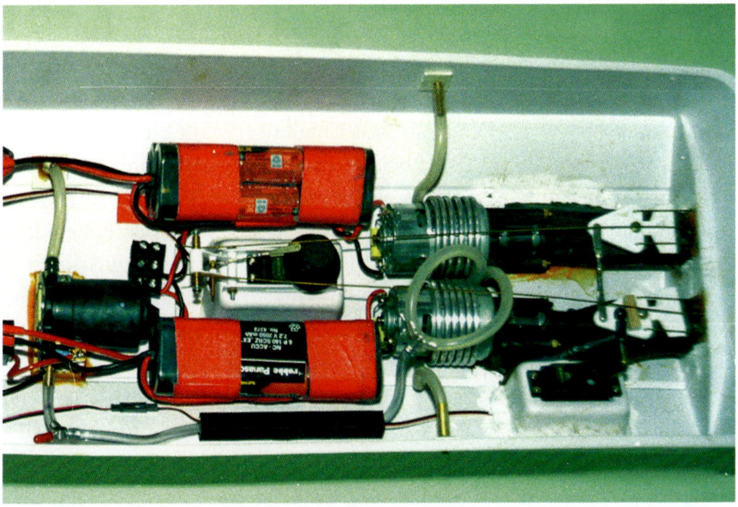

Kühlung von zwei Motoren durch eine Zahnrad-Kühlwasserpumpe.

Die Kühlwasserpumpe läuft auch im Stand. Seitlich sieht man das aufgewärmte Kühlwasser auslaufen.

Wichtig ist auch noch vor Fahrtbeginn festzustellen, ob die Drehrichtung des Antriebsmotors stimmt und ob die Lenkdüsen in die gewünschte Richtung schwenken. Daher ist bei allen Jet-Modellen vorher die Probe zu machen, ob aus der Düse auch Wasser ausgestoßen wird. Das kann man sehr leicht im Trockenen auf dem Arbeitstisch ausprobieren. Lassen Sie den Motor laufen und halten hinter die Düsenöffnung ein Stück Papier. Wird das Papier weggedrückt, stimmt die Laufrichtung des Motors, denn er saugt Luft von unten an und drückt sie nach hinten hinaus. Auch der umgekehrte Weg ist möglich. Halten Sie ein Stück Papier unter die Ansaugöffnung des Jet-Tunnels. Bei richtiger Drehrichtung muss das Papier an dieser Stelle angesaugt werden. Sollte das in beiden Fällen nicht so sein, so sind die Motoranschlüsse umzupolen, um die Drehrichtung der Motoren umzukehren und schon ist alles in Ordnung.

Schlägt die Steuerdüse bei Rechtskommando nach links aus, ist lediglich der Reverse-Schalter am Sender für diesen Kanal umzustellen und schon stimmen die Ausschläge nach links oder rechts.

Sehr wichtig ist auch vor der ersten Fahrt einen Badewannentest durchzuführen. Man kann so feststellen, ob alle Teile richtig platziert sind und das Boot gerade im Wasser liegt und keine Schlagseite hat. Noch kann der Schaden z. B. durch Verschieben der Fahrakkus oder anderer Teile behoben werden. Es ist nichts unangenehmer, als am See anzukommen, um erst dort festzustellen, dass die Schwerpunktlage nicht stimmt und erst verändert werden muss, was am See kaum möglich ist. Also alles zusammengepackt und ab nach Hause. Der Frust ist verständlich, aber er muss nicht erst aufkommen.

Außerdem ist es besser zu Hause in der Badewanne festzustellen, falls eine Klebestelle nicht einwandfrei ist und irgendwo Wasser eindringt oder einsickert. Dieser Schaden lässt sich am Arbeitstisch leichter beheben als draußen in freier Natur.

Wir haben nun einiges über das Funktionieren und den Bau von Jet-Antrieben gelernt, nun beginnt die Praxis und wir können das Gelernte und Gelesene beim Bau eines einfachen Modelles der Firma *Kehrer*-Modellbau anwenden. Als Baumuster habe ich das Modell *Stingray-Cabin* ausgesucht. Es wird mit einem 28 mm *Kehrer*-Jet 2802 und einem Drehzahlsteller AS-16/100BEC angetrieben. Wir wollen zusammen dieses Boot aufbauen und ich werde Ihnen, lieber Leser, genau sagen, was Sie zu tun haben. So ist der Erfolg von vornherein sichergestellt. Das Modell soll selbstverständlich auch rückwärts fahren können, was durch das Rückfahrsystem nach *Kamewa* ermöglicht wird. Wenn Sie dieses Modell erfolgreich aufgebaut haben, dann können Sie sich auch die größeren Modelle vornehmen, die ich im Kapitel 5 beschrieben habe oder Sie bauen ein mit konventionellem Antrieb ausgerüstetes Modell auf Jet-Antrieb um, wie im Kapitel 6 beschrieben. Soviel zur Einleitung.

4.1 Aufbau des Modells *Stingray-Cabin*

Bei der Suche nach einem für Einsteiger geeigneten Modell bin ich auf die *Stingray-Cabin* gestoßen. Sie sieht wie ein schneller Flitzer aus und mit einem Jet-Antrieb ausgerüstet dürfte die Geschwindigkeit entsprechend hoch sein.

Wie das Modell äußerlich gestaltet wird, bleibt jedem selbst überlassen. Auch die Farbgebung ist Geschmacksache. Was ich selbst aus dem Modell gemacht habe, darüber später, wenn es soweit ist. Zunächst besorgen wir uns folgende Materialsätze und Baueinheiten der Firma *Kehrer*:

1. Materialsatz STRC1a. Er enthält den Rumpf und das Deck des Modells *Stingray-Cabin.*
2. Antriebssatz JET2804 und KMB 700 9,6 V BB Neodym. Er enthält den Jet-Antrieb mit Steuereinheit und Rückfahrsystem nach KaMeWa, den Motor MOT700/66/KS

(KMB 700 9,6 V BB Neodym-Motor mit Wasserkühlschlange), den Motorentstörsatz MOT6 (3 Kondensatoren) und 2 × GS1 (4-mm-Goldstecker und Buchsen)
3. 2 × Schraubenset mit Motorstehbolzen JET 2813
4. 1 Meter Kühlwasserschlauch, Silikon ¾ mm KS05
5. 1 × Universalsteuerung rechts/links, vor/zurück SER01
6. 1 × Bowdenzug 90 cm lang BOW1
7. 3 × Kugelkopf kurz, 2 mm, Schaftbohrung 2 mm KG01
8. 2 × Gestängeanschluss 2 mm, M2/3 mit Mutter ZUG.GV1.1

Des Weiteren werden benötigt zwei Servos und eine 3-Kanal-Fernsteueranlage. Für dieses Modell habe ich mich für die neue 4-Kanal 40-MHz-Anlage MC-50 der Firma *Modellcraft* entschieden, die von der Firma *Conrad Electronic* (Bestellnummer 20 77 55-51), geliefert wird. Diese Anlage wird bei *Conrad* sehr preisgünstig angeboten.

Erst wenn wir all diese Teile vor uns auf dem Arbeitstisch liegen haben, hat es Sinn mit der Arbeit zu beginnen. Und die beginnt mit der Betrachtung des Rumpfes und dabei stellen wir fest, dass er aus dem Unterteil und einem Oberteil besteht. Beide Teile sind bereits miteinander verklebt. Im Oberteil ist das Cockpit integriert und die Decksöffnung ist gleichzeitig die Öffnung des Cockpits nach oben, das mit einem Deckel verschlossen wird, der dem Rumpf beiliegt.

Die Klebekante zwischen Rumpfunterteil und Deckoberteil ist zu begradigen und mit Schmirgelpapier planzuschleifen. Viel Arbeit ist nicht notwendig, da beide Teile bereits sauber verarbeitet geliefert werden. Mehr Arbeit bereitet das Dach, um es passend zu machen. Diese Arbeit wird jetzt erledigt, damit nachher keine weiteren Arbeiten außerhalb des Rumpfes erfolgen müssen. Einen Bootsständer anzufertigen können wir uns ersparen, da die Rumpfunterseite nur leicht schräg am Arbeitstisch aufliegt. Wer ihn trotzdem bauen will, der geht so vor, wie nachfolgend beschrieben.

Für den Bootsständer benötigen wir ein Grundbrett aus Sperrholz mit den Maßen 400×250×10 mm und für die beiden Pallen 6 mm starkes Sperrholz. Zunächst werden für

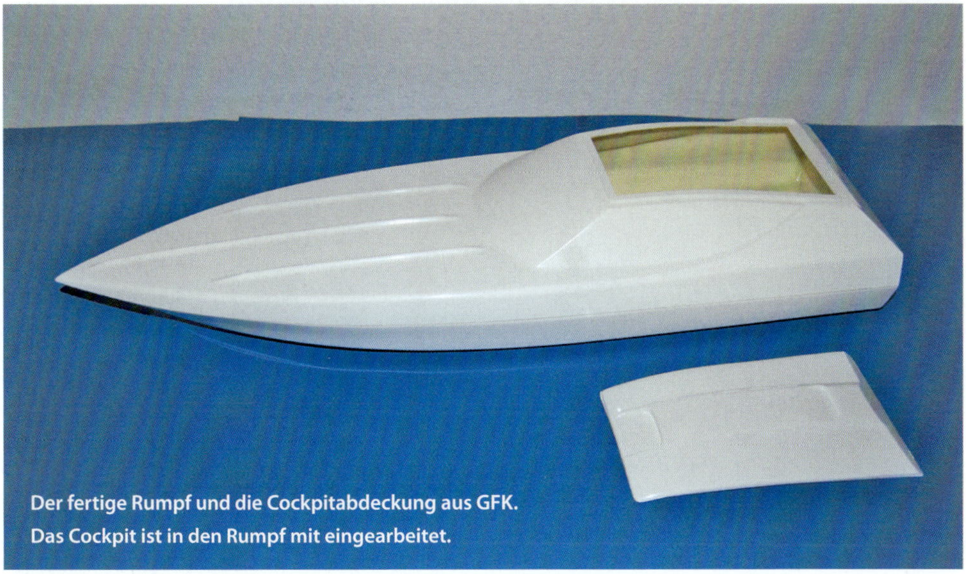

Der fertige Rumpf und die Cockpitabdeckung aus GFK. Das Cockpit ist in den Rumpf mit eingearbeitet.

die Pallen vorne und hinten Schablonen aus Zeichenkarton angefertigt. Die zunächst groben Umrisse der Rumpfunterseiten vorne und hinten sind dann nach und nach mit der Schere auszuschneiden und immer wieder an die Rumpfform anzupassen. Anschließend werden die Pallen vorne und hinten auf dem Grundbrett festgeleimt und mit kleinen Stützen aus Holz weiter stabilisiert. So erhalten wir für den weiteren Bau eine feste Unterlage.

Die Bearbeitung des Cockpitdaches, um es passend zu machen, ist unsere erste Arbeit. Wir legen das Dach kopfüber auf den Arbeitstisch und schneiden die innen überstehenden Kanten soweit ab, dass das Dach auf der Auflagefläche des Rumpfes plan aufliegt. Das Abschneiden erfolgt entweder mit einem scharfen Hobbymesser, was nicht ganz einfach ist oder es werden wie bei der Tunnelöffnung kleine Löcher von 1 mm Durchmesser Loch neben Loch gebohrt. Dann geht das Ausschneiden mit dem Messer viel leichter und schneller. Die Schnittkanten werden mit Schleifpapier begradigt. Wenn alles passt, liegt das Dach verrückungsfrei auf dem Rumpf auf und wir können es erstmals weglegen, da es für die weiteren Arbeiten nicht benötigt wird.

Die nächsten Arbeiten werden innerhalb des Rumpfes vorgenommen. Zunächst ist die Tunnelöffnung am Rumpfboden und die Düsenöffnung im Heckspiegel einzuarbeiten. Wie das gemacht wird, haben wir ja bereits zuvor in diesem Kapitel erfahren. Trotzdem gehe ich bei diesem ersten Modell nochmals darauf ein.

Das Jet-Gehäuse wird in der Mitte innerhalb des Rumpfes auf dem Rumpfboden platziert, sodass die runde Düsenöffnung innen mittig an das Heck stößt. Man beleuchtet innerhalb des Rumpfes das Heck und kann außerhalb des Hecks die Rundung der Düse durchscheinen sehen. Eine Taschenlampe eignet sich zur Beleuchtung. Von außen misst man am Heckspiegel genau die Mitte ab und verschiebt das Jet-Gehäuse solange, bis die runde Düsenöffnung genau in der Mitte des Heckspiegels zu erkennen ist. Mit einem Bleistift zeichnet man die Rundung provisorisch nach. Anschließend nimmt man einen Zirkel, stellt ihn auf

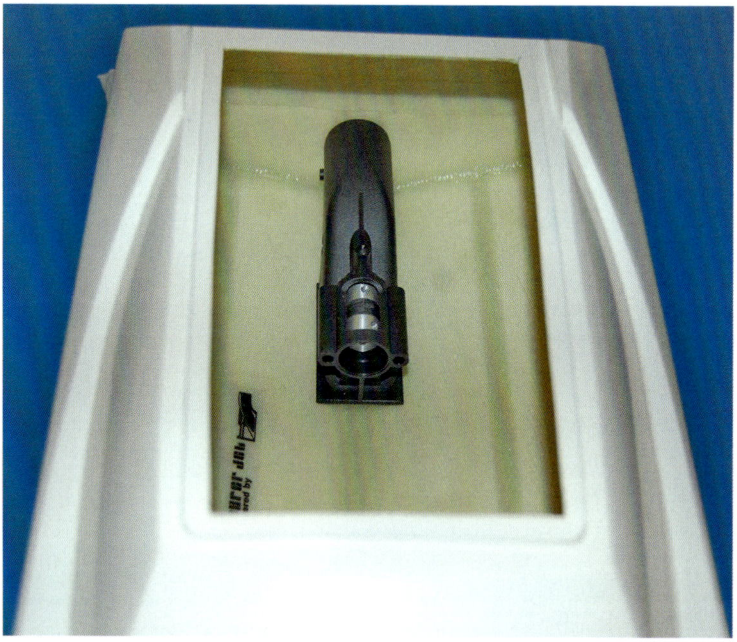

Einpassen des Jet-Antriebs in den Rumpf, um die Höhe der Düsenöffnung zu ermitteln. Mit einer Taschenlampe auf das Heck leuchten, dann ist vorne am Heckspiegel der Umriss der Düsenöffnung zu sehen.

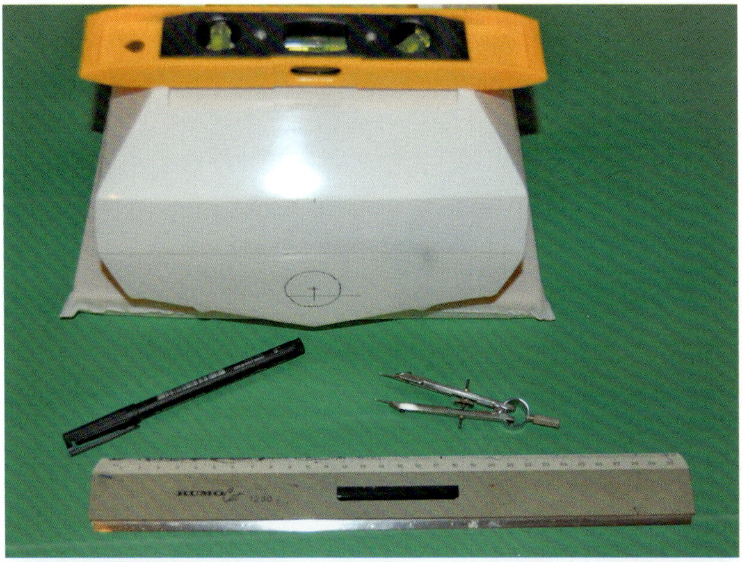

Die Düsenöffnung mit einem Zirkel auf den Heckspiegel zeichnen.

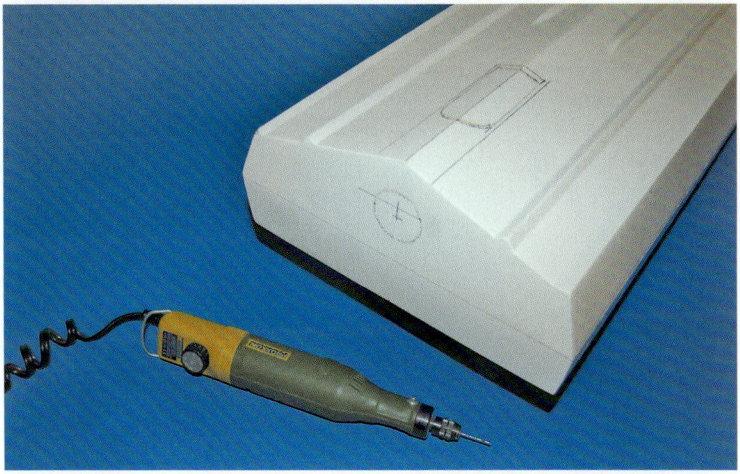

Die eingezeichnete Düsenöffnung und die Tunnelöffnung mit einer Bohrmaschine und einem 1 mm starken Bohrer Loch neben Loch ausbohren.

einen Durchmesser von 32 mm ein und zeichnet die Rundung genau nach. Das Jet-Gehäuse wird aus dem Rumpf genommen und das 32-mm-Loch ist jetzt auszuschneiden nach der bekannten Methode Loch neben Loch mit einem 1-mm-Bohrer bohren, der in eine elektrische Bohrmaschine eingespannt wird. Ist dies geschehen, wird die Rundung mit Schmirgelpapier plangeschliffen, bis der Düsenausgang des Jet-Gehäuses leicht durchgesteckt werden kann. In dieser Lage richtet man das Jet-Gehäuse im Inneren des Bootes genau mittig aus und lässt etwa 2 mm das Düsenausstoßrohr nach hinten aus dem Heckspiegel herausstehen. Mit einem Filzstift werden die Konturen des Jet-Antriebs der Tunnelöffnung am Boden angezeichnet. Das Jet-Gehäuse wird wieder aus dem Boot genommen und die angezeichneten Umrisse sind um etwa 3 mm zu verkleinern, da wir ja die Auflagefläche der Tunnelöffnung des Jet-Antriebs berücksichtigen müssen, die als Klebefläche am Boden verbleiben muss. Würden wir das nicht

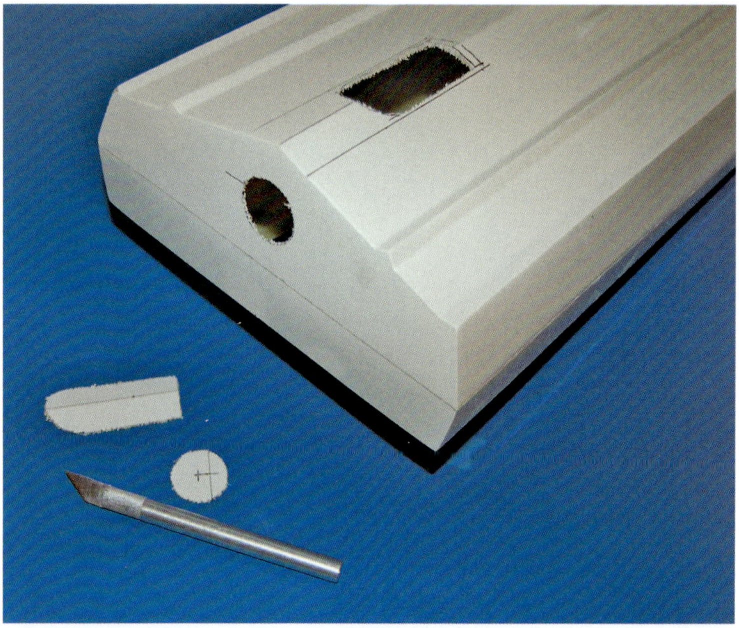

Die Öffnungen mit einem Hobbymesser ausstechen und planschleifen.

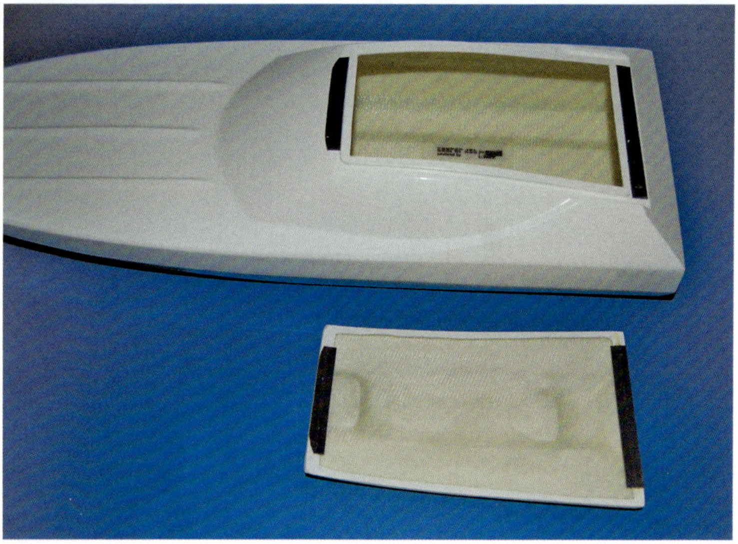

Das Cockpitdach mit Magnetstreifen am Rumpf befestigen.

beherzigen und den Aussschnitt der Tunnelöffnung unverkleinert belassen, würde das Jet-Gehäuse durch den Ausschnitt durchfallen und wir hätten keine Möglichkeit, das Jet-Gehäuse am Boden zu befestigen. Wenn dies alles berücksichtigt wurde, kann die Tunnelöffnung im Boden nach der bekannten Methode ausgearbeitet werden. Nach dem Beschleifen des Ausschnittes haben wir die Vorbereitungen für den Einbau des Jet-Antriebs abgeschlossen.

Nun nehmen wir uns nochmals das Dach vor, denn es muss ja auf dem Rumpf irgendwie befestigt werden, wenn alle Einbauten im Rumpf vorgenommen sind und die erste Fahrt beginnen soll. Ließen wir das Dach nur auf dem Rumpf ohne Befestigung liegen, würde es bei der hohen zu erwartenden Geschwindigkeit bald im Wasser landen. Das Dach zu befestigen, ohne Schrauben zu verwenden, die unschön aussehen würden, ist gar nicht so einfach und es kommt eigentlich nur eine Lösung infrage. Ich habe Magnetband von *robbe* verwendet. Je ein Streifen am hinteren Teil und ein weiterer am vorderen Teil des Daches und am Rumpf angebracht, war die Lösung. Das Dach sitzt bombenfest und kann andererseits leicht abgenommen werden, ohne Schrauben herausdrehen zu müssen. Ich kann diese Methode wärmstens empfehlen.

Selbstklebende Magnetbandstreifen mit einer Stärke von 1 mm und einer Breite von 12,7 mm gibt es bei *robbe* unter der Bestellnummer 1437. Nachdem auch dieses Problem gelöst ist, können wir den Rumpf zunächst beiseite stellen und uns dem Zusammenbau des Jet-Antriebs und der Steuereinheiten widmen.

Der Motor KBM 700 9,6 V BB Neodym wird bereits mit einer Kühlschlange aus Alurohr geliefert. Die Kühlschlange umfasst das Motorgehäuse und ist mit einem blauen Kunststoff überzogen. Drei Kondensatoren zur Motorentstörung liegen bei. Diese sind an den Polen anzulöten und zwar die beiden kleineren von jedem Pol gegen das Motorgehäuse und der etwas dickere Kondensator von Pol zu Pol. Auf der Welle des Impellers im Jet-Gehäuse ist bereits die Kraftkupplung angeschraubt, die zur Verbindung zwischen Motorwelle und Impellerwelle dient. Der Motor ist am Jet-Gehäuse mittels der beiden 50 mm langen M4-Messingschrauben und der Gegenmuttern anzuschrauben. Die Motorantriebswelle wird in die Kupplung geschoben und festgeschraubt. Von Vorteil ist es, wenn die Motorwelle an einer Stelle vorher etwas angefeilt wird, um eine Auflagefläche für die Befestigungs-schraube der Kupplung zu erhalten. Ein Durchdrehen wird so verhindert. Auf dem Jet-Gehäuse sind drei weiße 5 mm breite Kunststoff-Auflageteile zu sehen, die ich angebracht habe, um dem später anzubringenden Steuerteil eine Auflagefläche zu schaffen, da er auf der halbrunden Oberseite der Düsenkrümmung kaum befestigt werden kann.

Wir kommen jetzt zum Zusammenbau des *Kamewa*-Rückfahrsteuersystems.

1. Als Erstes werden die beiden Traversen 2 und 3 links und rechts auf das Steuerteil 1 mit ABS-Kleber angeklebt. Dabei auf die Lage der Schraubenlöcher achten. Diese müssen auf beiden Seiten nach unten zeigen.
2. Schraubenlöcher durch die Traversen in das Steuerteil 1 mit 1,5-mm-Bohrer bohren.
3. Die Umsteuerklappe 4 mit Teil 5 verschrauben, zwischen die Traversen setzen und mit diesen ebenfalls verschrauben.

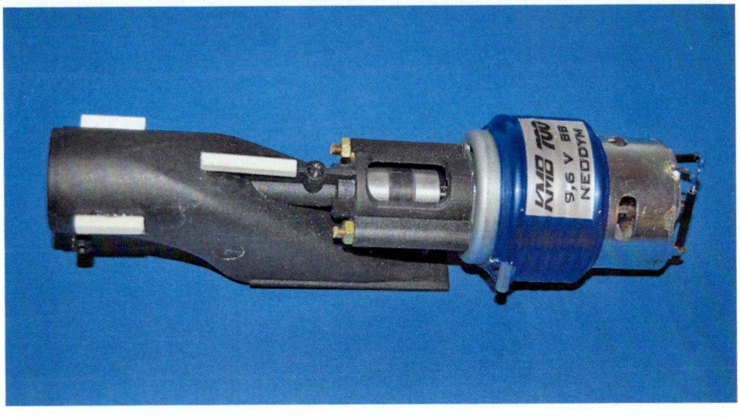

Motor in den Jet-Antrieb einschrauben und mit der Kupplung verbinden. Die weißen Auflagen dienen später zum Aufsetzen der Servoansteuerung.

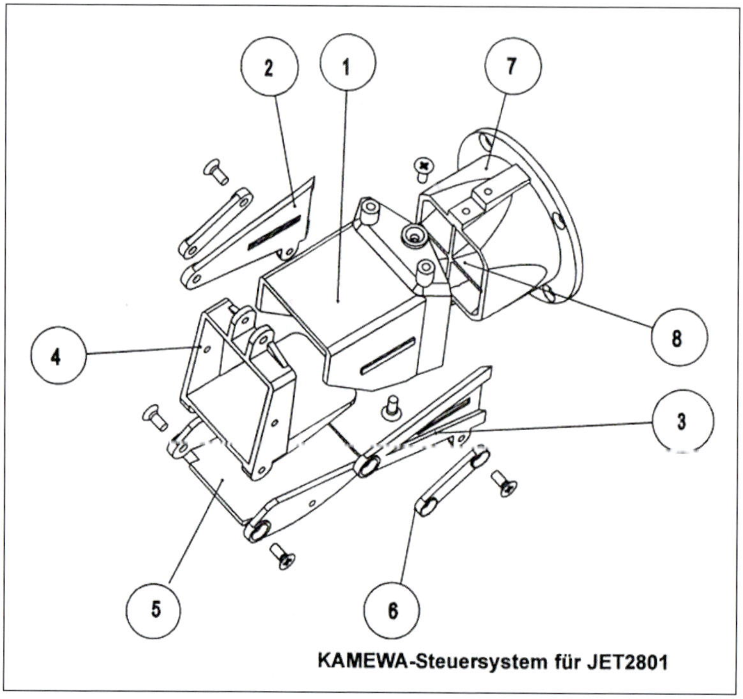

Zusammenbauzeichnung der Kamewa-Umkehreinrichtung.

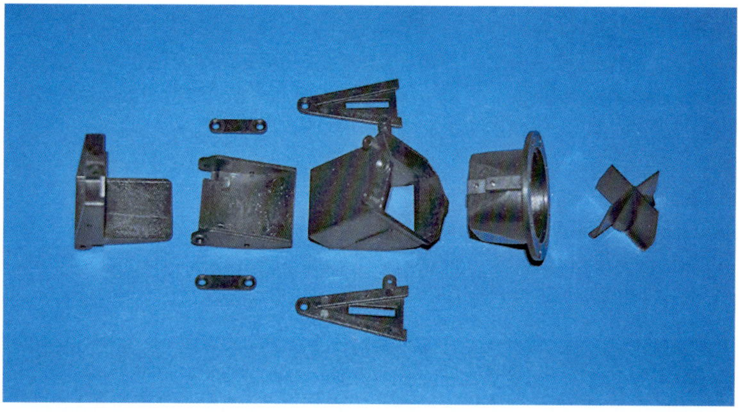

Alle Teile der Kamewa-Umkehreinrichtung. Von links nach rechts: Umsteuerklappe Teile 4 und 5, Hebel 6, Steuerteil 1 und Traversen 2 und 3, Düse 7 und Stator 8.

4. Hebel 6 auf der rechten und linken Steuerteilseite mit der Umsteuerklappe verschrauben.
5. Den Stator 8 in die Düse 7 mit ABS-Kleber einkleben.
6. Das komplette Steuerteil mit der Düsenober- und -unterseite verschrauben. Das Steuerteil muss sich in der Düse 7 leicht von rechts nach links bewegen lassen. Daher die Schrauben nicht zu fest anziehen. Für die Verschraubung des Steuersystems werden die 10 beiliegenden etwa 4 mm langen Senkkopfschrauben verwendet.

Wir kommen zum Zusammenbau der Servo-Ansteuerung für die Vorwärts- und Rückwärtsfahrt und die Schwenkung der Düse von rechts nach links und umgekehrt. Dazu benötigen wir die Ansteuer-Grundplatte, die beiden Hebel und zwei Servos. Die Grundplatte

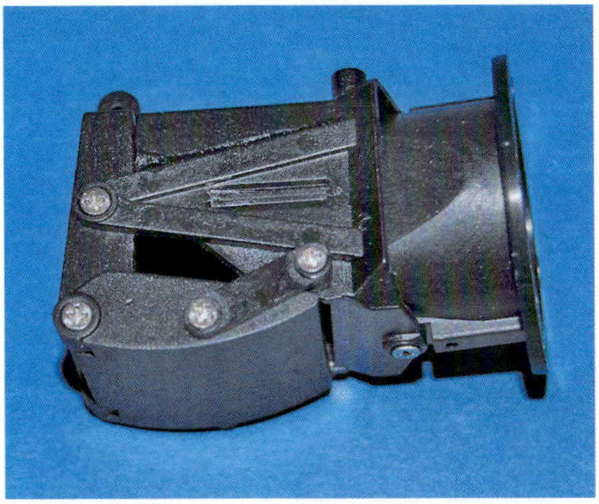

Umkehreinrichtung zusammengebaut in Stellung Vorausfahrt.

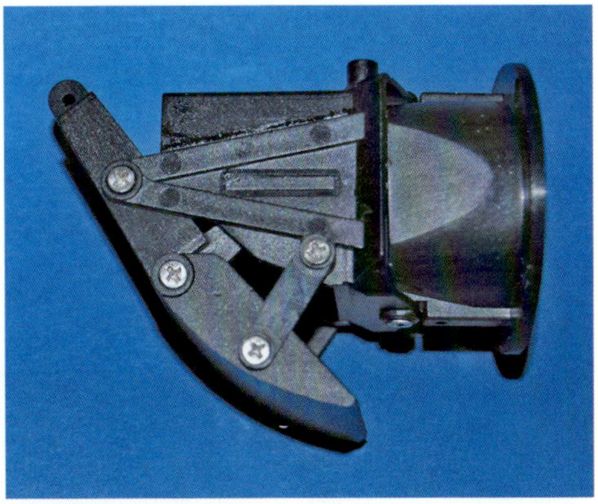

Umkehreinrichtung zusammengebaut in Stellung Rückwärtsfahrt.

wird mit angebohrten Löchern für die Steuerelemente geliefert, sodass zunächst alle diese Löcher mit einem 3-mm-Bohrer aufgebohrt werden müssen. Das graue Röhrchen des Bowdenzuges muss glatt hindurchgleiten. Dann sind die Befestigungslöcher für die beiden Servos in die Grundplatte zu bohren, was mit einem 1,5-mm-Bohrer geschieht. Die Servos sind so einzusetzen, wie im Bild zu sehen. Beim rechten Servo befindet sich das Servohorn weiter oben, das linke Servo wird genau umgekehrt eingesetzt, sodass sich das Servohorn weiter unten befindet.

Das rechte Servo steuert die Düse von rechts nach links, was über den dreieckigen Hebel in der Mitte der Grundplatte erfolgt. Das linke Servo steuert die Rückfahrklappe. Wird der Bowdenzug angezogen, bedeutet das Vorausfahrt, wird er abgestoßen, bedeutet das Rückwärtsfahrt. Die Steuergestänge sind so anzubringen, wie im Bild gezeigt.

Bevor wir zum Einbau des Jet-Antriebs kommen, ist es angebracht, alle RC-Komponenten und den Jet-Antrieb auf dem Arbeitstisch auszulegen und alle elektrischen Verbindungen, wie sie nachher im Boot verlegt werden müssen, anzuschließen, um einen Funktionstest durchzuführen. Man lernt so alle Funktionen im Trockenen kennen und kann die Sender-

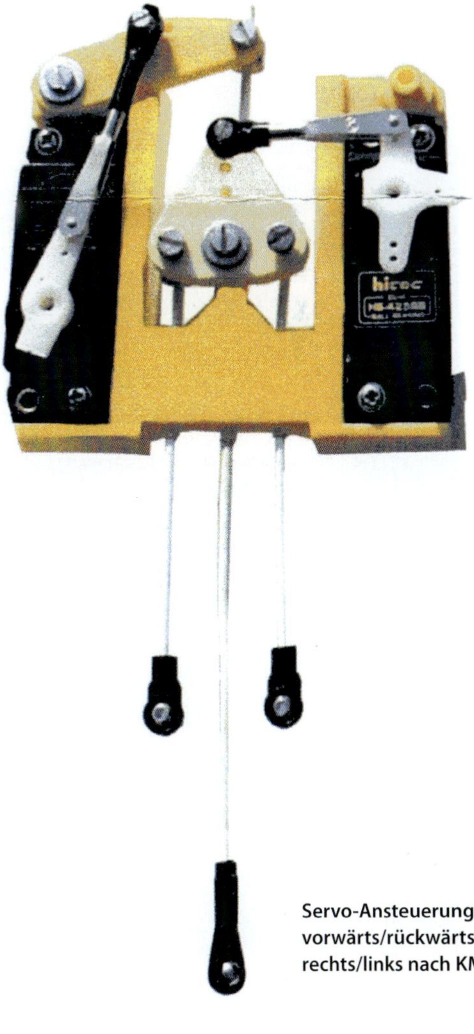

Servo-Ansteuerung vorwärts/rückwärts sowie rechts/links nach KMB.

kanalbelegung bereits jetzt festlegen. Auf dem Bild ist von links nach rechts zu sehen: Der Fahrakku, der Fahrtregler, darunter die externe Empfängerstromquelle mit dem Einschalter, der Empfänger, der Jet-Antrieb mit angebautem Motor und darunter die Steuereinheiten für rechts/links und vor/zurück. Als Fahrtregler wurde bei diesem ersten Versuch ein anderer Fahrtregler verwendet, als der, der später in das Model eingebaut wurde. Auf dem Bild ist der Navy Control 570 von *robbe* zu sehen. Weiter ist noch dazu zu sagen, dass der verwendete Modelcraft-Empfänger als 6-Kanalempfänger ausgelegt ist. Im Hintergrund ist der Sender zu sehen. Das Zusammenschalten der einzelnen RC-Komponenten erfolgt folgendermaßen:

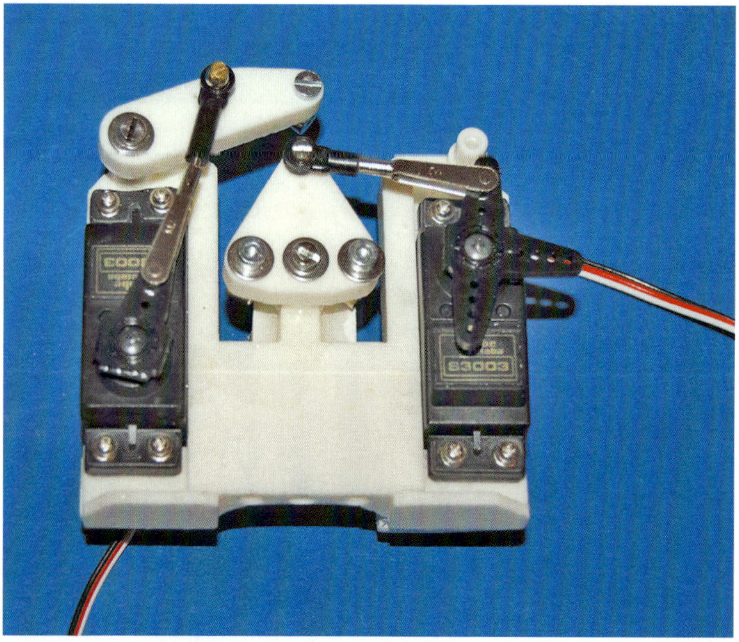

Servo-Ansteuerung fertig aufgebaut auf Grundplatte von KMB.

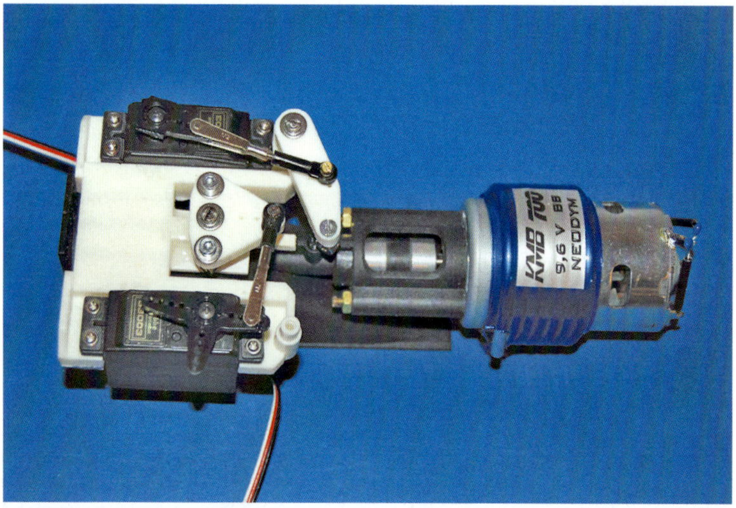

Aufgelegte Servo-Ansteuerungsplatte auf den Jet-Antrieb. Noch nicht ankleben! Das Ankleben erfolgt erst später, wenn der Jet-Antrieb in den Rumpf eingebaut ist.

Funktionstestaufbau auf dem Arbeitstisch: Fahrakku, Fahrtregler, Empfänger mit Empfängerstromversorgung und Einschalter, Jet-Antrieb mit Motor und Steuereinheiten mit Servos, dahinter der Sender.

Der Stecker des Servos für die Lenkung der Steuerdüse ist in den Kanal 1 zu stecken. Die Lenkbewegungen erfolgen mit dem rechten Senderknüppel nach rechts oder links. Der Stecker des Servos für die Betätigung der Umkehrklappe ist in den Kanal 4 zu stecken. Vor- und Rückwärtsfahrt erfolgt mit dem linken Senderknüppel nach rechts oder links. Der Stecker des Fahrtreglers ist in den Kanal 3 zu stecken. Die Fahrtregelung erfolgt mit dem linken Senderknüppel von unten nach oben und umgekehrt. Die getrennte Empfängerstromversorgung mit dem Einschalter wird in den mit „B“ bezeichneten Kanal des Empfängers gesteckt. Wird am Fahrtregler ein Fahrakku angeschlossen und werden der Sender und Empfänger eingeschaltet, kann der Funktionstest auf dem Trockenen vorgenommen werden.

Bei der Inbetriebnahme des Jet-Antriebs hinter die Düse ein Stück Papier halten. Wird es vom Luftstrom weggedrückt, ist der Motor richtig angeschlossen. Im anderen Fall den Motor umpolen. Feststellen ob die beiden Servos richtig arbeiten. Funktioniert alles einwandfrei, können wir den Jet-Antrieb in das Boot einkleben. Doch vorher sind noch zwei Löcher in den Rumpf zu bohren. Ein Loch für den Külwassereintritt im Rumpfboden und ein weiteres in die rechte Bordwand für den Kühlwasserauslass. Das Einlassrohr sollte etwa 340 mm, vom Heckspiegel aus gerechnet, etwas neben der Mittellinie mit einem 4-mm-Bohrer in den Rumpf gebohrt werden. Das Loch schräg ausfeilen und ein etwa 60 mm langes 4 mm starkes Messingrohr schräg einkleben, sodass die Rohröffnung nach vorne zeigt.

Das Auslassrohr ebenfalls mit einem 4-mm-Bohrer etwa 130 mm von hinten und 70 mm von der Unterkante gemessen bohren und ein 4-mm-Messingrohr, ca. 40 mm lang, in die Steuerbordwand einkleben. Rechts und links am Bootsboden jeweils einen etwa 200 mm langen Streifen Klettband einkleben. Er dient später zur Befestigung der beiden Fahrakkus zu beiden Seiten des Jet-Antriebs. 200 mm lang deshalb, damit man die Möglichkeit hat, die Fahrakkus zu versetzen, um die beste Lage zu ermitteln, was nachher beim Badewannentest geschieht. Die richtige Schwerpunktlage zu ermitteln ist sehr wichtig.

Jetzt steht dem Einbau des Jet-Antriebs nichts mehr im Wege. Die beiden Kühlschlangenenden vom Motor werden etwas hochgebogen, um nach dem Einbau die Kunststoff-Schlauchleitungen daran anschließen zu können. Das Einkleben erfolgt mit Stabilit Express. Dabei muss vorsichtig mit dem Klebstoff umgegangen werden. Auf keinen Fall darf Klebstoff in den Tunnel eindringen. Tunnelöffnung und Düsenöffnung müssen gleichzeitig eingeklebt werden. Die Düse muss etwa 1 mm nach hinten herausstehen, da dort der Flanschring befestigt wird. Nach dem Einbau den Klebstoff gut austrocknen lassen. Danach können die Kühlwasser-Kunststoffschläuche angeschlossen werden. Mindestens etwa 10 bis 15 mm Schlauch auf die Rohrleitungen aufschieben, damit sie richtig festsitzen.

Wie wir bereits weiter oben gelesen haben, muss die Tunnelöffnung gegen Verunreinigungen geschützt werden, da der Sog des Impellers sehr stark ist. Leicht könnten kleine Blätter, Zweige oder Tierfedern angesaugt werden und zum Impeller gelangen. Das wäre das Ende einer rasanten Fahrt, da der blockierte Impeller den Motor festhalten würde. Es würde nicht lange dauern und der Fahrtregler würde in Rauch aufgehen. Um das zu verhindern, baut man eine Art Gitter vor die Tunnelöffnung aus mehreren Messingdrahtstücken der Stärke 1,5 mm. Man schneidet sechs etwa 100 mm lange 1,5 mm starke Messingdrahtstücke zurecht und klebt sie in Längsrichtung mit einem Abstand von ca. 3 bis 4 mm nebeneinander über den Jet-Tunnel. Damit ist die Gefahr gebannt. Jetzt ist der Zeitpunkt für einen Badewannentest gekom-

Jet-Antrieb in den Rumpf eingeklebt, Kühlwasserleitungen angeschlossen. Links ist das Einlassrohr zu sehen.

men, um zu sehen, ob alle Klebeverbindungen am Jet-Tunnel und an der Düse einwandfrei sind. Sind sie das nicht, dringt an den undichten Stellen Wasser in den Rumpf ein. Dann beginnt die Suche nach der undichten Stelle und das ist nicht immer leicht. Das Problem ist, dass beim Einkleben die Tunnelklebestelle und die Klebestelle hinten an der Düse gleichzeitig erfolgen müssen. Es gibt da eine besondere Problemstelle, auf die ich besonders aufmerksam machen möchte, denn da hatte ich bei einem Modell auch Schwierigkeiten. Die Problemstelle liegt genau unter der Biegung des Jet-Gehäuses, wo der Bogen von der Düsenöffnung zur Tunnelöffnung führt. Dort kommt man nämlich nicht heran und weiß beim Klebevorgang nicht, ob genügend Klebstoff zur Biegung der Tunnelöffnung und auch zur Unterseite der Düsenöffnung am inneren Heckspiegel gelangt ist. Wenn dort Wasser durchsickert, was man durch Beobachten leicht feststellen kann, hilft nur nochmals genügend Zweikomponentenkleber Stabilit Express anzurühren und unter den Bogen des Jet-Gehäuses und die Unterkante der Düse fließen zu lassen. Dazu sollte man einen Föhn zuhilfe nehmen, damit der Klebstoff richtig fließen kann, um sich gut zu verteilen. Die Stelle genügend lang austrocknen lassen und danach das Boot erneut in das Wasser setzen: Normalerweise müsste die Stelle jetzt dicht sein. Ist das der Fall, legen wir die Fahrakkus provisorisch ein und beschweren das Boot nochmals mit einem zusätzlichen Akku als Gewicht. Dann lassen wir das Boot etwa eine Stunde im Wasser liegen. Wenn auch danach kein Wasser eingedrungen ist, haben wir es geschafft.

Noch vor dem Einbau der RC-Anlage und der Steuereinheiten ist der Zeitpunkt gekommen, wo wir unser Modell lackieren können und sollten. Der Rumpf lässt sich gut bewegen, um mit der Farbe an jede Stelle heranzukommen. Wie ich schon sagte, bleibt die Farbgebung jedem selbst überlassen und hängt davon ab, was man aus dem Boot machen will. Soll es ein Rennboot werden, kann es bunt bemalt werden. Ich habe mir da etwas Besonderes einfallen lassen und habe die *Stingray Cabin* zu einem Polizei-Streifenboot ausgebaut. Der Jet-Antrieb für so ein Boot bietet sich direkt dafür an. Die Polizei auf dem Wasser muss schnell sein, um Übeltäter zu fassen. Ein Polizeiboot mit Jet-Antrieb gibt es meines Wissens zwar noch nicht, aber vielleicht kommt mein Vorschlag bei der Polizeiführung gut an.

Die Farbgebung für mein Polizeiboot sieht so aus: Unter Wasser in Rot, über Wasser in Blau, das Deck in Hellgrau und das Dach des Cockpits in Orange. Bevor man mit den Lackierarbeiten beginnt, erinnere ich an den Hinweis der Firma *Kehrer*, wie der Rumpf vor dem Bemalen zu behandeln ist: Vor dem Lackieren der Rümpfe ist ein Abwaschen des Formentrennmittels (Polyvinylalkohol) mit heißem Wasser und ein Stumpfschleifen mit einer Körnung von 400er bis 600er-Sandpapier notwendig. Diesen Hinweis bitte beherzigen, da es sonst vorkommen kann, dass der Lack an einigen Stellen des Rumpfes nicht angenommen wird.

Es folgt die Montage der Steuereinheit am Flanschring der Düsenöffnung am Heckspiegel. Dazu werden die vier Befestigungslöcher gebohrt und die Steuereinheit wird mit den beiliegenden Senkkopfschrauben angeschraubt. Gebohrt werden müssen auch noch die drei 3,1-mm-Löcher durch den Flanschring für die Bowdendurchzüge zum Steuern der Steuerdüse und der Rückfahrklappe.

Nun steht dem Einbau der RC-Anlage nichts mehr im Wege. Die beiden siebenzelligen Fahrakkus liegen rechts und links an den beiden Bordwänden, wo sie mit Klettband auf den bereits eingeklebten langen Klettbandstreifen befestigt werden. Die langen Streifen habe ich, wie gesagt, deshalb vorgesehen, dass man die Akkus jederzeit nach vorne oder hinten verlegen kann, falls es erforderlich sein sollte. Man hat so die Möglichkeit, die Schwerpunktlage zu verändern. Die Akkus werden in Reihe, also hintereinander geschaltet. Bei 14 Zellen beträgt die Betriebsspannung 16,8 Volt, die Kapazität bleibt bei 3.700 mA/h. Die Zusammenschaltung der beiden Akkus erfolgt durch Gegenstecker, die so belegt werden, dass der Pluspol des ersten Akkus mit dem Pluspol des Gegensteckers, der Minuspol des ersten Akkus mit dem Pluspol des zweiten Akkus und der Minuspol des zweiten Akkus mit dem Minuspol des Gegensteckers zu verbinden sind. Vom Pluspol des ersten Akkus fließt dann der Strom über den Minuspol des zweiten Akkus und vom Pluspol des zweiten Akkus zum Minuspol des ersten Akkus. Die beiden Akkus sind damit in Reihe geschaltet und die volle Spannung von 2×8,4 Volt gelangt zum Eingang des Fahrtreglers.

Für die Auflage des Fahrtreglers habe ich aus drei Stück ABS-Plattenmaterial mit den Abmessungen 50×50 mm eine Art Hocker angefertigt, sodass er etwa 5 cm erhöht angeordnet ist. Auf der Platte wird auch noch eine doppelpolige Klemme angeschraubt. Auf der einen Seite kommt die Betriebsspannung von den beiden zusammengeschalteten Akkus an, auf der anderen Seite ist die Verbindung zum Fahrtregler durch die beiden gelben und blauen Fahrtreglerkabel herzustellen. Den Empfänger habe ich hinten an der Steuerbordwand neben dem Kühlwasser-Ausflussrohr mit Klettband befestigt. Die Empfängerstromversorgung, bestehend aus vier Mignon-Batterien, die unterhalb des Empfängers ebenfalls mit Klettband am Rumpfboden befestigt wurden. Zum Batteriewechsel kommt man an diese Stelle gut heran.

Als letzte Arbeit im Inneren des Bootes wird jetzt die mit den Steuerservos vorbereitete Steuereinheit im Heck auf dem Jet-Gehäuse angeklebt. Die vorher am Düsenrohr des Jet-Gehäuses angebrachten kleinen Stützen leisten dabei eine gute Hilfe, da die Auflage dadurch plan geworden ist und die Steuerplatte gut und gerade aufliegt. Geklebt wird wieder mit Stabilit Express. Nach dem Austrocknen werden

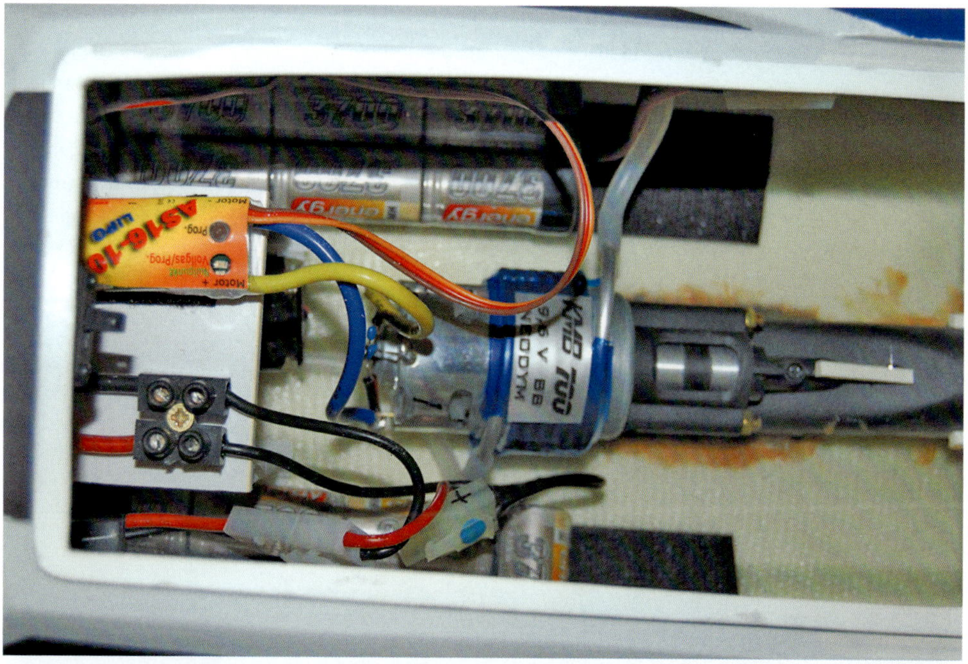

Fahrtregler und Anschlussklemme werden um etwa 50 mm erhöht auf einer ABS Platte befestigt. Zu beiden Seiten liegen die Fahrakkus.

Der Empfänger wird an der Steuerbordwand mit Klettband befestigt. Rechts oben befindet sich der Einschalter, darunter die Empfängerstromversorgung.

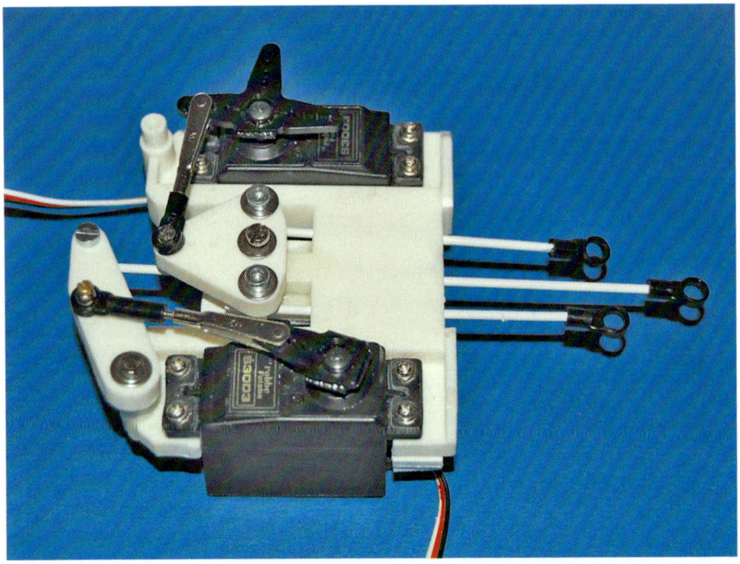

Die Bowdenzüge werden an die Steuerhebel angeschraubt. Die Ösen sind nur aufgesteckt. Sie werden erst später befestigt.

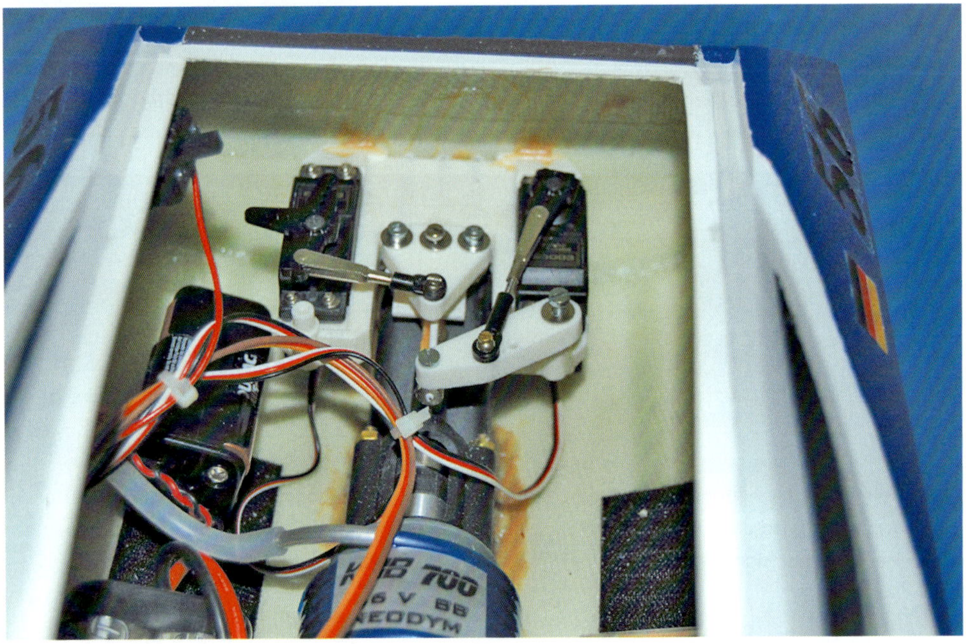

Einbau der Steuereinheit mit den beiden Servos über dem Rohrbogen des Jet-Gehäuses. Während des Einbaus werden die Bowdenzüge von innen nach außen durch die Löcher im Flanschring gesteckt.

die vorbereiteten Bowdenzuggestänge durch die Bohrungen gesteckt und an der Steuerplatte angeschlossen. Diese Arbeit ist nicht ganz einfach, da man nur schlecht an die Gestängehebel-Befestigungsschrauben heran kommt. Will man sich die Fummelei ersparen, ist es besser, die Bowdenzüge schon vor dem Einkleben der Steuerplatte mit den Lenkhebeln zu verbinden und festzuschrauben. Dann stehen zwar drei Bowdenzüge aus der Platte heraus und man muss diese während des Einlegens der Steuerplatte von Innen durch die drei Löcher führen, was zwar auch nicht ganz einfach ist aber immer noch besser als die Fummelei nach dem Einkleben der Steuerplatte.

Hat man es nach der einen oder anderen Methode geschafft und die Steuerplatte klebt fest auf dem Jet-Gehäuse und die drei Bowdenzüge stehen aus den Bohrungen heraus, werden die Bowdenzüge auf die entsprechenden Abmessungen abgeschnitten, mit den Ösen verklebt und an der Steuereinheit angeschraubt. Zu den von KMB gelieferten Bowdenzügen ist noch zu sagen, dass das über der weißen Seele liegende graue Kunststoffrohr lediglich dazu dient, in den drei Bohrungen für Dichtheit zu sorgen. Es wird dementsprechend gekürzt und in den Bohrungen festgeklebt. Die weiße Seele darin dient der Steuerung und lässt sich in dem darüber liegenden Kunststoffrohr leicht verschieben. Zwischen Seele und Kunststoffrohr darf kein Klebstoff gelangen. Nun kommen wir zum Funktionstest. Der Sender wird eingeschaltet, der Empfänger wird eingeschaltet und die Verbindung von den Akkus zum Fahrtregler wird durch das Zusammenstecken des Akkusteckers mit der Buchse des Fahrtreglers hergestellt.

Wird der oben aufgeführte Fahrtregler AS-16/100 BEC verwendet, muss der Regler vor der ersten Inbetriebnahme auf den Empfänger programmiert werden und das geht so:

1. Sender einschalten, Gasknüppel auf „Null“ bzw. Motor aus stellen
2. Fahrtregler an den Empfänger anschließen
3. Fahrakku anschließen
4. Innerhalb von drei Sekunden nach dem Anstecken des Akkus den „Prog. Taster“ direkt unter den LEDs drücken
5. Jetzt leuchtet die rote LED
6. Gasknüppel zügig auf „Vollgas“ bewegen und dort verweilen, bis die grüne LED aufleuchtet
7. Den Gasknüppel zurück auf „Null“ bzw. „Motor aus“ bewegen
8. Nach erfolgreicher Programmierung gehen jetzt beide LEDs aus und der Regler signalisiert durch einen Motorbeep die Speicherung der Werte

Hinweis:
Die Programmierung am besten mit angeschlossenem Motor vornehmen, so wird das akustische Signal wahrgenommen und die Gefahr, dass die Motoranschlüsse zusammenkommen wird ausgeschlossen. Ein versehentliches Drücken des Prog.-Tasters im Fahrbetrieb oder nach den ersten drei Sekunden nach dem Anstecken des Akkus bleibt ohne Wirkung. Die eingespeicherten Werte bleiben auch ohne angeschlossenen Akku immer gespeichert und werden nur bei einer neuen Programmierung im „Prog.“-Modus überschrieben.

Läuft der Motor, hinter die Düse ein Stück Papier halten. Wird es abgestoßen, ist der Motor richtig gepolt. Falls das nicht der Fall sein sollte, die beiden Motoranschlüsse (blaues und gelbes Kabel) vertauschen. Bei der Lenkbewegung der Steuerdüse feststellen, ob die Steuerdüse nach rechts ausschlägt, wenn Rechtskommando gegeben wird. Ist das nicht der Fall, den Reverse-Schalter für diesen Kanal umstellen. Damit ist die Funktionskontrolle beendet und wir können unser Modell fertigstellen.

Wie ich schon sagte, habe ich mich für ein Streifenboot der Polizei entschlossen. Dazu wurden einige Aufkleber „Polizei“ fertiggestellt und am Rumpf angebracht. Auf dem Dach wurden ein Blaulicht, ein Radargerät und zwei

Das fertige Polizei-Streifenboot Greif.

Das Streifenboot, Ansicht von achtern.

Nach Abnahme des Cockpitdachs hat man Zugang zu der Jet- und RC Anlage.

Badewannentest
vor der ersten Fahrt.

Hier kommt kein richtiger Schub zustande weil das Heck zu hoch liegt. Die Fahrakkus mussten nach hinten verschoben werden.

So sieht es aus, wenn die Rückfahrklappe nicht ganz geschlossen ist.

Antennen befestigt. Die dritte lange Antenne ist die Fernsteuerantenne aus einem 2 mm starken Messingdraht. Im Bootsinneren wurde die vom Empfänger kommende Antennenlitze um die Länge der Stabantenne gekürzt und das Ende am untersten Ende des Messingdrahtes angelötet. Die Fenster wurden aus schwarzer Klebefolie ausgeschnitten und angeklebt. Zwei Klampen und zwei Poller wurden an Deck angebracht. Bei einem Polizeiboot darf natürlich nicht die Bundesflagge fehlen. Bei *robbe* ist eine solche Flagge unter der Bestellnummer 1360 zu bekommen. Selbstverständlich habe ich meinem Streifenboot auch noch einen Namen gegeben: *Greif*.

Vor der ersten Probefahrt kann ein erneuter Badewannentest nicht schaden, um zu sehen, ob die Akkus in der richtigen Position liegen und das Boot gerade im Wasser liegt. Falls nicht, kann man Ausgleich mit kleinen Gewichten schaffen. Ausgediente Akkuzellen eignen sich gut dafür.

Nachdem alle Tests gut verlaufen waren, ging es nach draußen zum Modellbootteich. Nun sollte das Streifenboot *Greif* zeigen, was es kann und es konnte viel. Doch bevor es soweit war stellte ich fest, dass das Boot hinten etwas zu leicht war. Es kam kein richtiger Schub zustande. Das Boot kam nicht richtig in Fahrt. Daraufhin schob ich die beiden Fahrakkus weiter nach hinten und schon war der Schub in Ordnung. Dadurch hatte sich die Rückfahrklappe etwas verschoben, wodurch es zu einen Wasserwirbel hinter der Düse kam.

Nachdem der Fehler behoben war, konnte man an der Bordwand den Ausfluss des Kühlwassers sehen. Ein Zeichen, dass die Wasserkühlung funktionierte.

Danach war alles in Ordnung. Die Geschwindigkeit war rasant, sodass ich mit dem Fahrtregler sehr schnell herunter regeln musste, da der Modellbootteich zu klein war, die Manövrierfähigkeit ist ausgezeichnet. Meine Erwartungen wurden voll erfüllt, sogar noch übertroffen. Das Boot eignet sich für Einsteiger und Fortgeschrittene gleichermaßen.

Abmessungen des Polizei-Streifenbootes:
Länge: 860 mm
Breite: 220 mm
Höhe 200 mm
Verdrängung: 2.600 g

All das was hier in diesem Abschnitt behandelt und über den Bau gesagt wurde, gilt für alle nachfolgend beschriebenen Jet-Modellboote, weshalb ich bei den einzelnen Baubeschreibungen auf bereits behandelte Themen nicht mehr eingehe.

Deutlich sieht man an der Bordwand das Kühlwasser austreten.

Hier stimmt alles – das Boot kommt richtig in Fahrt.

5. Jet-Modelle aus *Kehrer*-Materialsätzen

Wie bereits erwähnt, liefert die Firma KMB keine Baukästen sondern Materialsätze für etwa 30 verschiedene Schiffsmodelle. Dazu gehören der Bootsrumpf und Zubehörteile. Jet-Antriebe, Motoren, Steuereinheiten und Fahrtregler müssen getrennt bezogen werden. So kann sich jeder Modellbauer das erforderliche Material für sein Modell nach eigenen Wünschen zusammenstellen. Am Beispiel von drei aus *Kehrer*-Materialsätzen gebauten Modellen werde ich zeigen, wie das gemacht wird. Dabei handelt es sich um je ein Modell mit einem, zwei und drei Jet-Antrieben.

Sämtliche Teile des Jet-Antriebs mit Motor, Fahrtregler und Steuereinheit.

5.1. Modell *Ruban Ble* mit einem Jet-Antrieb

Die *Ruban Bleu* (das Blaue Band) ist eine vorbildähnliche Nachbildung im Maßstab 1: 30 eines französischen Rekordbootes, mit dem die Franzosen versuchten, das Blaue Band für die Atlantiküberquerung zu erringen. Es gehört in die Reihe von *Gentry Eagle*, *Azimut Atlantic Challenger* und *Virgin Atlantic Challenger*.

Ich habe dieses Modell wegen seines schnittigen und rasanten Aussehens und des schlanken Rumpfes speziell für den Einbau eines Jet-Antriebes ausgesucht. Wer das Boot nachbauen will, muss von der Firma KMB folgende Teile bestellen:

1 Materialsatz *Ruban Bleu*, Best.-Nr. RUB1
1 Antriebssatz JET2802 MC und KMB-Motor 700 9,6 V BB Neodym
1 Fahrtregler AS-16/100BEC, Best.-Nr. FR 100/3
1 Universalsteuerung für einen Jet, Best.-Nr. SER51

Der GFK-Rumpf und das GFK-Cockpit wird mit einigen Dekorstreifen sowie Dekorfenstern aus schwarzer Klebefolie geliefert. Da der Bootskörper flach gehalten ist, erspart man sich die Arbeit einen Bootsständer anzufertigen. Zunächst wird das Cockpit durch Abschleifen der Ränder soweit bearbeitet, dass es sich leicht auf den Decksausschnitt des Rumpfes aufsetzen lässt. Außerdem erinnere ich an die Ausführungen, die ich weiter oben über die Behandlung von *Kehrer*-GFK-Rümpfen gemacht habe.

Der Jet-Antrieb wird genau in der Mitte des Rumpfes positioniert. Wie die Tunnelöffnung und die kreisrunde Öffnung für die Düse in den Rumpf eingearbeitet werden, haben wir ja bereits kennen gelernt. Das Jet-Gehäuse wird zusammen mit dem Steuerteil und dem Motor zum fertigen Jet-Antrieb zusammengebaut. Eine Umkehreinheit können wir uns bei diesem Modell ersparen, denn das Boot ist so wendig, dass man auf Rückwärtsfahrt verzichten kann. Nachdem die beiden Öffnungen für den Tunnel und die Düse in den Rumpf eingearbeitet sind wird das Jet-Gehäuse genau über der Tunnelöffnung am Boden angeklebt. Gleichzeitig muss darauf geachtet werden, dass der kreisrunde Ausgang des Jet-Gehäuses genau in die Düsenöffnung im Heck passt und etwa 1 mm herausragt. Für das Einkleben des Jet-Gehäuses wird Stabilit Express verwendet. Klebt das Gehäuse fest, wird hinten am Heck der Flanschring auf die herausstehende Düsenöffnung angeklebt. Darauf achten, dass kein Klebstoff in die Düsenöffnung gelangt. Anschließend den Klebstoff richtig austrocknen lassen. Durch den Flanschring die beiden 3-mm-Löcher für das Lenkgestänge bohren. Weitere vier 1,5-mm-Löcher sind für die Befestigungsschrauben der Düse am Flanschring zu bohren. Dann den Stator in die Düse einkleben und die Düse mit den mitgelieferten Senkkopfschrauben an den Flanschring anschrauben, anschließend das Steuerteil an der Düse befestigen. Da auf den Einbau einer Umkehreinheit verzichtet wurde, kommt man mit einer einfachen 2-Kanal-Fernsteueranlage aus.

Die Löcher für die Befestigung des Lenkservos werden in den Servohalter gebohrt und das Lenkservo wird eingeschraubt. Eine ABS-Platte 25×70 mm, 4 mm stark, anfertigen und gleich vor dem Jet-Antrieb am Boden ankleben. Darauf den Servohalter mit dem Lenkservo aufkleben. Diese Platte dient als gerade Unterlage für das Lenkservo. An der Steuerbordseite neben dem Motor den Empfänger und an der Backbordseite den Fahrtregler mit Klettband befestigen. Zum besseren Halt wird auch für diese beiden RC-Komponenten je eine Grundplatte aus ABS-Kunststoff mit den Abmessungen 60×50×2 mm angefertigt und unter den Empfänger und den Fahrtregler geklebt. Den Motor mit den drei Kondensatoren entstören und die beiden Motorleitungen vom Fahrtregler zum Motor anlöten. Danach eine passende Buchse an den Fahrtregler-Anschlüssen für den Fahr-

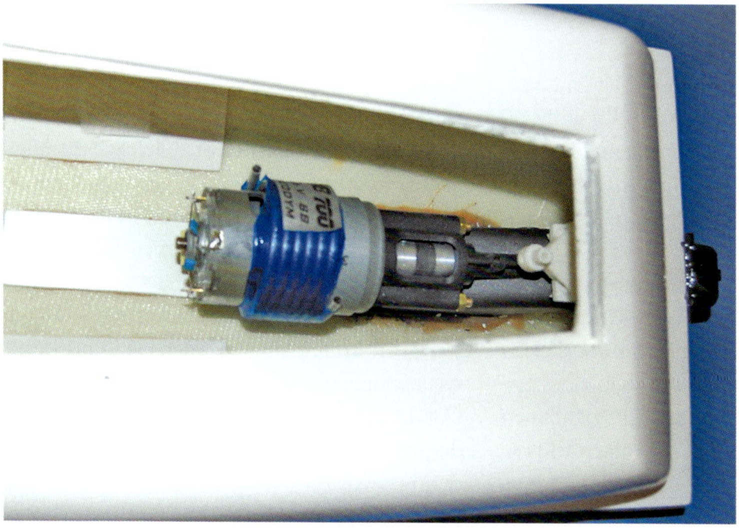

Der vormontierte Jet-Antrieb wird über den Ansaugtunnel eingeklebt.

Die Tunnelöffnung wird durch ein Gitter gegen Verunreinigungen geschützt. ▼

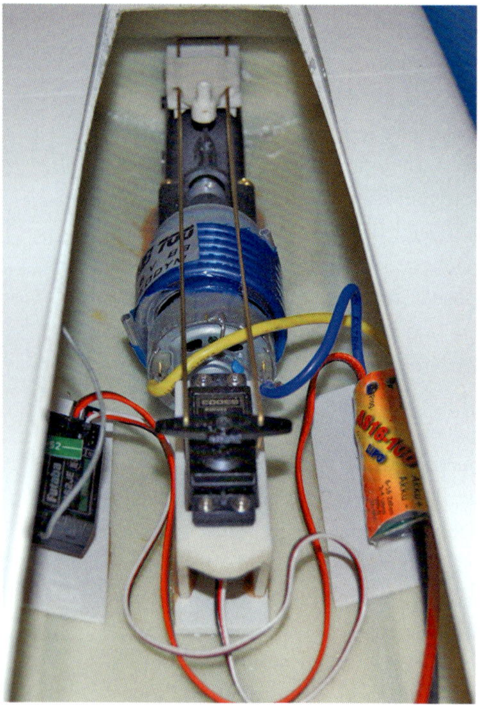

Einbau des Empfängers links und des Fahrtreglers rechts vom Lenkservo.

akku anlöten und den Empfängerstecker vom Lenkservo in Kanal 1 und vom Fahrtregler in Kanal 2 einstecken. Da dieses Modell recht hochbordig ist, habe ich auf eine Stabantenne verzichtet und die Antennenlitze an der höchsten Stelle der Steuerbordwand verlegt und mit Klebeband befestigt. Soll das Boot über eine größere Entfernung gefahren werden, muss eine Stabantenne vorgesehen werden. Auf der Unterseite des Rumpfes über dem Ansaugtunnel ist das Schutzgitter aus Messingdraht anzubringen.

Das Lenkgestänge wird aus 1,5 mm starkem Messingdraht oder 1 mm starkem Stahldraht anfertigt und vom Lenkservo zur Steuerdüse geführt. Zwei Lenkgestänge sind erforderlich. 400 mm vom Heck gemessen, wird in der Bodenmitte ein 4 mm großes Loch gebohrt. In dieses Loch wird ein ca. 60 mm langes Messingrohr mit einem Außendurchmesser von 4 mm und einem Innendurchmesser von 3 mm schräg nach innen eingeklebt. Es dient als Kühlwasser-Einlassrohr. Befestigt wird es mit Stabilit Express. Nach vorne hin wird das Rohr abgeschrägt. Ein weiteres etwa 30 mm langes und 4 mm starkes Messingrohr wird an der Backbordwand, 30 mm von der oberen Kante gemessen, eingeklebt. Es dient als Auslassrohr für das Kühlwasser. Eine Kunststoff-Schlauchleitung mit 3 mm Innendurchmesser zuschneiden und vom Ansaugrohr zur Kühlschlange des Motors verlegen, auf das Rohr aufstecken und mindestens 10 mm am Rohr herunter drücken, damit der Schlauch festsitzt. Er darf nicht abspringen, denn dann läuft das Boot voll Wasser. Ebenso beim Auslassrohr vorgehen. Von der anderen Seite der Motorkühlschlange zum Auslassrohr eine zweite Kunststoff-Schlauchleitung anschließen, damit ist der Kühlwasserkreislauf geschlossen. Bei Fahrt dringt in das vordere Rohr Kühlwasser ein, durchläuft die Alu-Kühlschlange des Motors und tritt an der Bordwand wieder aus. Beim Fahrtregler kann auf eine Wasserkühlung verzichtet werden, sodass wir es mit nur einem Kühlwasserkreislauf zu tun haben.

Damit das Einlassrohr nicht beschädigt wird, werden seitlich zwei Keilstützen aus einer 4 mm starken ABS-Platte angebracht, die gleichzeitig als eine Art Bootsständer dienen. Diese Stützen sind 40 mm lang, 20 mm hoch und nach vorne abgeschrägt. Die Vorderseiten der Stützen sind keilförmig abzuschrägen.

Der Fahrakku besteht aus zwei siebenzelligen NiMH-Akkupacks (8,4 Volt), die in Reihe geschaltet werden, sodass der Jet-Antrieb mit 14 Zellen (16,8 Volt) gefahren wird. Die beiden Fahrakkus werden vor dem Lenkservo nebeneinander mit Klettband am Boden befestigt. Wenn alle RC-Komponenten eingebaut sind, kann ein Funktionstest durchgeführt werden.

Die ersten Fahrversuche mit der *Ruban Bleu* sollten vorsichtig begonnen werden, denn ein Jet-angetriebenes Schiffsmodell verhält sich etwas anders als ein Modell mit einem herkömmlichen Antrieb. Wird bei der kleinsten Bewe-

Das fertige Modell Ruban Bleu.

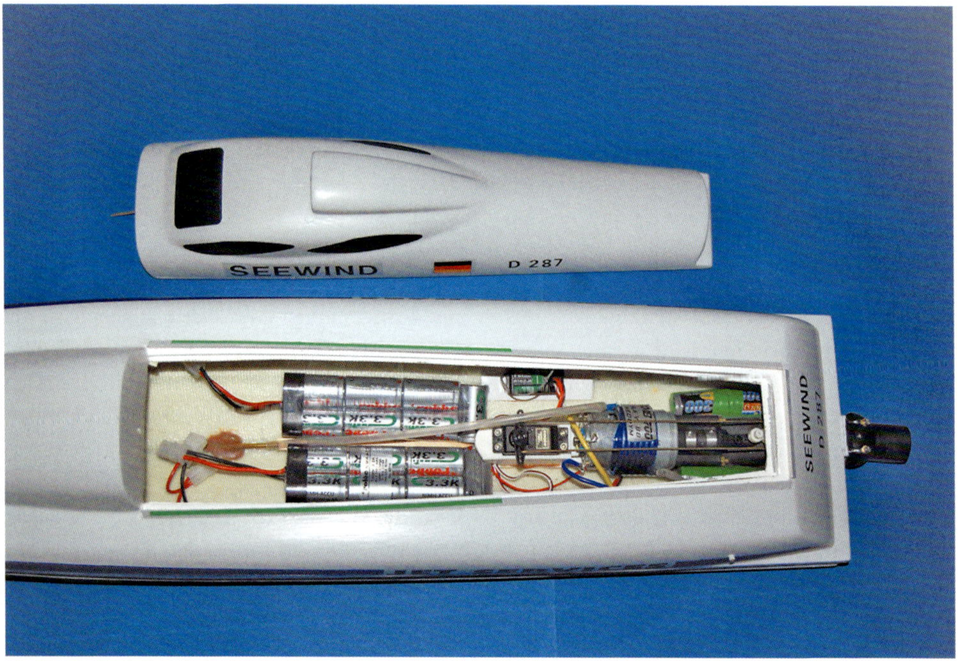

Blick in das Modell bei abgenommenem Cockpit.

gung der Fahrhebel nach oben geschoben, rast das Düsenmodell sofort los. Also mit ganz langsamer Fahrt beginnen, um ein Fahrgefühl dafür zu bekommen. Das Modell lässt sich ausgezeichnet steuern. Will man eine Kurve fahren, muss man mit der Fahrt herunter gehen, da sonst der gefahrene Radius zu groß wird und das Boot an die Kaimauer geschleudert werden kann. Man muss das Boot erst richtig kennen lernen, dann ist der Fahrspaß grenzenlos. Das Fahrbild kann sich sehen lassen. Bei voller Fahrt kommt der Bug aus dem Wasser und das Boot kommt ins Gleiten.

Technische Daten des Modells ***Ruban Bleu***
Länge: 940 mm
Breite: 190 mm
Höhe: 220 mm
Verdrängung: 2,7 kg

5.2 Modell *Antipodean* mit zwei Jet-Antrieben

Die *Antipodean* ist ein vorbildähnlicher Nachbau einer Mega-Luxusyacht im Maßstab 1:30. Der Rumpf ist für den Einbau von zwei Jet-Antrieben ausgelegt. Die Bilder zeigen das Modell aus dem *Kehrer*-Katalog. Der Materialsatz kann in verschiedenen Ausführungen bestellt werden.

1. Rumpf und Deckaufbau aus Epoxy mit weißem Gelcoat, Radarmast aus Gießharz, sowie zwei 28-mm-Jet-Antriebe mit zwei 12-V-Neodym-Motoren, zwei Gummikupplungen und einen Drehzahlsteller AS-16/100 BEC für beide Motoren, Bestellnummer FR 100/3
2. Rumpf und Deckaufbau mit diversen Aufbautenteilen, jedoch ohne Jet-Antriebe, Bestellnummer ANTI2
3. Beschlagsatz, Bestellnummer ANTI3
4. Relingsatz, 50 verchromte Teile, Bestellnummer ANTI4
5. Ätzteilesatz, Bestellnummer ANTI5

Die Ruban Bleu in Fahrt.

Ansicht von achtern auf den Jet-Antrieb.

Mega-Luxusyacht Antipodean. (Quelle: KMB-Katalog)

Die Antipodean von achtern betrachtet. (Quelle: KMB-Katalog)

Nun ist es natürlich jedem Modellbauer selbst überlassen, sich genau an die Angaben des Herstellers zu halten oder eigene Ideen beim Aufbau seines Modells einzubringen. Yachten wie die *Antipodean* sind in Cannes, Nizza und Monaco zu Hause. Da ich einige Änderungen bei meinem Modell durchgeführt habe, musste natürlich auch der Name geändert werden. Was kommt daher näher, als eine so tolle Yacht mit einem springenden Pferd zu vergleichen. Also wählte ich für meine Luxus-Yacht den Namen *Pegasus*.

Um für den Rumpf eine stabile Unterlage zu bekommen, musste zunächst ein Bootsständer angefertigt werden. Da der Rumpf unterhalb sehr flach gehalten ist, wich ich von der üblichen Bauweise für Bootsständer mit den beiden Pallen vorne und hinten ab. Zwei Längs- und vier Querholzleisten, die auf ein 8 mm starkes Grundbrett mit den Abmessungen 500×180 mm geleimt wurden, genügten bereits um einen stabilen Untergrund für den Rumpf zu erhalten. Vier dem Rumpf angepasste abgeschrägte Holzstücke vorne und hinten auf dem Grundbrett befestigt, vervollständigen den sehr flachen Bootsständer, was ein großer Vorteil ist, da man so die gesamte seitliche Bordwand beim Betrachten zu sehen bekommt. Das Gesamtbild wird durch keine nach oben ragenden Pallen gestört.

Da der GFK-Rumpf aus Festigkeitsgründen bei der Fertigung im hinteren Teil keinen Ausschnitt hat, um die Jet-Antriebe einbauen zu können, muss man zunächst einen Decksaus-

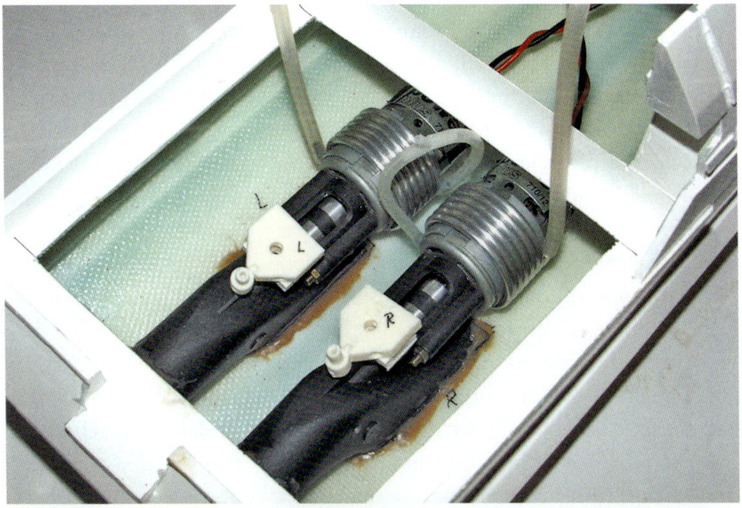

Einbau der beiden Jet-Antriebe.

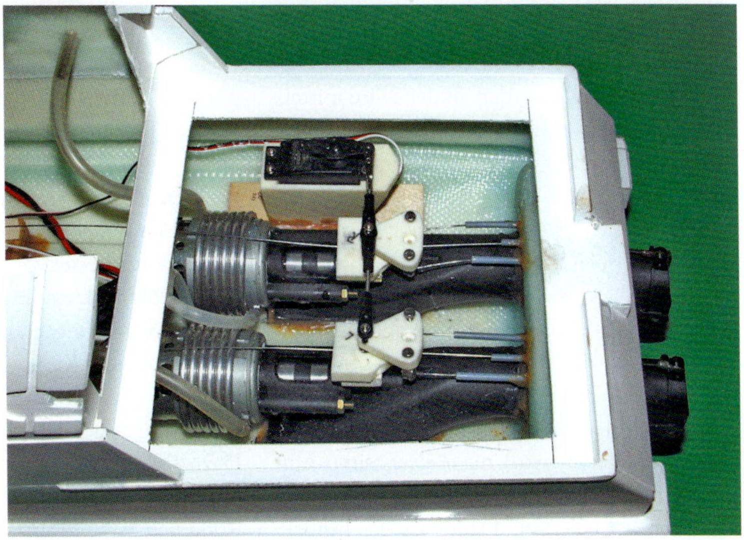

Einbau der Steuereinheit zum Lenken der beiden Schwenkdüsen.

schnitt ausschneiden. Um genügend Platz für den Einbau der Antriebe zu erhalten, wird ein Ausschnitt von ca. 170×170 mm ausgearbeitet, wieder nach der bereits beschriebenen Methode, kleine Bohrungen mit einem Durchmesser von 1 mm, Loch neben Loch längs der angezeichneten Linie in die Platte zu bohren und sie mit einem scharfen Hobbymesser auszuschneiden. Damit ist das Heck für den Einbau der beiden Jet-Antriebe frei und zugänglich.

Eine weitere Öffnung mit den Abmessungen 110×90 mm schneidet man unter dem obersten Teil des Kommandostandes aus, damit man später besser an die Einbauten heran kommt. Eine Decksöffnung im Vorschiff ist bereits unter dem Aufbau vorhanden.

Jetzt sind die beiden Tunnelöffnungen im Schiffsboden und die runden Düsenausschnitte im Heck einzuarbeiten und die Jet-Antriebe sind zusammenzubauen. Die so vormontierten Einheiten können in den Rumpf eingeklebt werden. Als Klebstoff wird Stabilit Express verwendet. Danach werden die Flanschringe von außen auf die kreisrunden Düsenöffnungen der Jet-Antriebe aufgesetzt und angeklebt. Die je 3-mm-Löcher in den Flanschringen für die Durchführung der Steuerdrähte sind durch den Heckspiegel zu bohren. Die Statoren sind in die Düsen einzukleben. In die Steuerteile sind die Umkehrklappen einzusetzen. Die so vorbereiteten Steuerteile werden an der Düse mittels M2-Senkkopfschrauben angeschraubt. An den Steuerteilen werden oben die beiden 1,0 mm starken Stahldrähte zum Steuern der Lenkdüse angebracht.

Rechts neben dem rechten Jet-Antrieb, von hinten gesehen, wird die *Kehrer*-Steuereinheit SER52 für die Lenkung der Ausstoßdüsen eingebaut. Beide Ausstoßdüsen werden synchron von einem Servo betätigt.

In der Mitte hinter den am Jet-Gehäuse befestigten Motoren wird die *Kehrer*-Servo-Ansteuerung SER06 für die Umkehreinheiten am Rumpfboden befestigt. Damit ist der Einbau der beiden Jet-Antriebe vollzogen. Nun sind noch die Schutzgitter über den Ansaugtunneln anzubringen.

Es folgt der Einbau der RC-Anlage. Ich habe eine 4-Kanal-Anlage vorgesehen, denn für den Jet-Antrieb werden drei Kanäle benötigt: Kanal 1 für die Lenkung der Steuerdüsen, Kanal 2 für die Betätigung der Umkehreinheit und Kanal 3 für die Geschwindigkeitsregelung. Da die beiden Motoren und der elektronische Fahrtregler mit einer Wasserkühlung ausgerüstet sind wurde eine selbstansaugende Zahnrad-Kühlwasserpumpe von *Conrad-Electronic* eingebaut. Die Verteilung des Kühlwassers in die drei Verbraucher erfolgt über zwei Dreiwegeverteiler.

Alle Bauteile sind auf einem etwa 5 mm starken Sperrholzbrett mit den Abmessungen 500×130 mm aufgebaut. Diese Grundplatte wird in den Rumpf eingeklebt. Auf ihr werden außerdem noch der Empfänger mit seiner getrennten Stromversorgung, der elektronische Fahrtregler, die Kühlwasserpumpe und die Stromversorgung für die Kühlwasserpumpe angebracht. Beim Anbringen der Außenantenne ist darauf zu achten, dass die Länge der Empfangsantennenlitze um die Länge der verwendeten Stabantenne zu kürzen ist.

Da die zur Verwendung kommende Kühlwasserpumpe für eine Betriebsspannung von 6 Volt ausgelegt ist, wird für deren Stromversorgung ein fünfzelliger Akkupack benötigt. Zwei Einschalter sind notwendig, um die Empfangsanlage und die Kühlwasserpumpe getrennt einschalten zu können. Benötigt werden noch vier etwa 3 cm lange Messingröhrchen mit einem Außendurchmesser von 4 mm. Drei davon werden für die Kühlwasseraustritte und ein Röhrchen als Saugrohr gebraucht. Das Saugrohr wird in der Nähe der Kühlwasserpumpe am Schiffsboden, die Austrittsröhrchen an den beiden Bordwänden über der Wasserlinie angebracht. Dazu sind 4-mm-Löcher an den betreffenden Stellen in den Bootsrumpf zu bohren. Diese Röhrchen werden mit UHU-plus eingeklebt.

Von innen sind dann die Kunststoff-Schlauchleitungen für die Verbindungen zwischen den zu kühlenden Verbrauchern aufzustecken. Vom Ansaugrohr führt ein Stück Kunststoffschlauch zunächst zum Ansaugstutzen der Kühlwasserpumpe. Vorher ist zu ermitteln, welcher von beiden Stutzen der Ansaug- und welcher der Druckstutzen ist. Man steckt zwei kurze Kunststoff-Schlauchleitungen an beide Stutzen der Pumpe und hält zuerst den einen und dann den anderen in das mit Wasser gefüllte Waschbecken, bei laufender Pumpe. Wasser wird nur von einem Kunststoffschlauch ausgestoßen. Das ist der Druckstutzen. Vom Druckstutzen der Pumpe führt ein Schlauch zum ersten Dreiwegeverteiler und von diesem führen zwei weitere Schläuche zum elektroni-schen Fahrtregler, zu einem zweiten Dreiwegeverteiler und von dort jeweils zu einem Motor. Die Auslaufschläuche von den beiden Motoren und dem Regler münden in die in der Bordwand angebrachten Auslaufröhrchen. Beim Verlegen der Kunststoff-Schlauchleitungen darauf achten, dass sich nirgends Knickstellen bilden, die den Wasserflusss

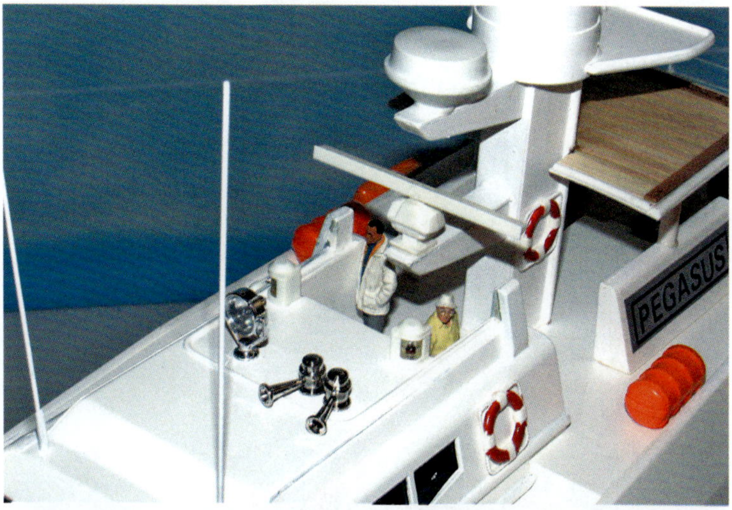

Blick auf den Brückenaufbau mit Radarmast.

Hubschrauberlandeplatz am Vorschiff.

Brückenaufbau und achterer Aufbau sind abnehmbar.

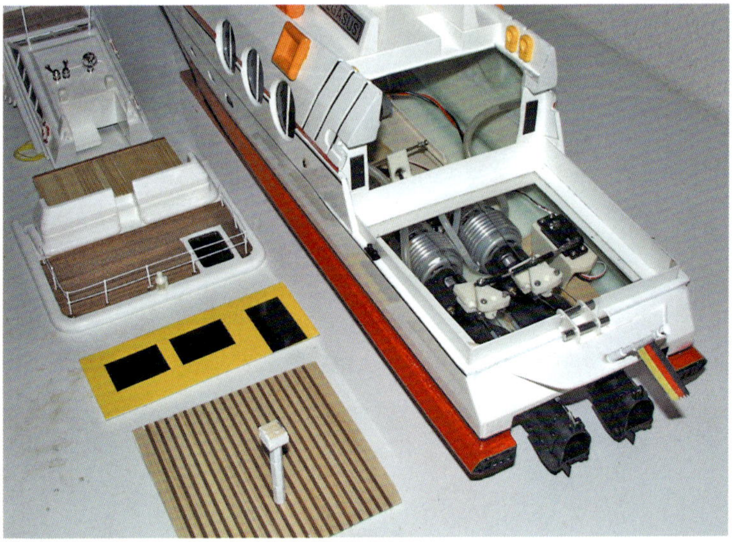

Abnehmbare Teile am Heck, um an die Jet-Antriebe heranzukommen.

aufhalten könnten. Auch sollten die Schlauchleitungen möglichst kurz sein.

Als Fahrakkus werden zwei zwölfzellige Akkupacks mit einer Kapazität von 3,7 Ah eingesetzt und miteinander parallelgeschaltet, sodass sich eine Betriebsspannung von 14,4 Volt mit einer Kapazität von 7,4 Ah ergibt. Gelagert werden die Akkus zu beiden Seiten der Grundplatte im mittleren Teil der Jacht. Beim Badewannentest ist die richtige Lage der Akkus zu ermitteln. Die Befestigung der Akkus erfolgt mit Klettband auf dem Bodenbrett.

Nachdem alle Einbauten im Rumpf untergebracht sind, geht es mit den Aufbauten weiter. Der Hauptaufbau besteht ebenfalls aus GFK und hat zwei Etagen. Er wird über dem Deckausschnitt angebracht. Ein im Rumpf vorgesehener Süllrand lässt kein Wasser in das Innere des Modells eindringen. Die Fenster werden eingesetzt, drei Antennen, zwei Scheinwerfer,

Die fertige Mega-Yacht mit offenem Heck in Originalausführung.

Die Flyingbrigde mit Preiser-Figuren bevölkert.

ein Nebelhorn, die Positionslampen und Rettungsringe werden angebracht. Die Befestigung des Aufbaus erfolgt mit Magnetband von *robbe*, sodass er schnell abgenommen werden kann, um die Fahrakkus einlegen und wieder herausnehmen zu können. Der Mast mit dem Radom, der Plattform und den beiden Radargeräte-Halterungen wird zusammengebaut. Er wird gleich hinter dem abnehmbaren Aufbau am Oberdeck angeklebt. Am Vorschiff habe ich einen Hubschrauber-Landeplatz vorgesehen. Der achtere Deckausschnitt für den Maschinenraum muss wieder durch eine ABS-Platte verschlossen werden. Schmale dünne Holzleisten mit einer Stärke von 1 mm und einer Breite von 5 mm werden auf die Platte geklebt, um einen Holzfußboden zu simulieren. Eine weitere ABS-Platte wird hochkant zum Innenraum angebracht, sodass der Blick zum Bootsinneren verschlossen wird. Die Befestigung der Platte erfolgt wieder

Seitenansicht der Mega-Yacht mit geschlossenem Heck.

Heckansicht der Mega-Yacht mit geschlossenem Heck.

mit Magnetband. Das achtere Überdeck wird so bearbeitet, dass es in die dafür vorgesehenen Einkerbungen an der Bordwand eingeschoben und wieder herausgezogen werden kann. Auch dieses Überdeck wird mit Holzleisten überklebt und eine Reling angebracht. Zum Unterdeck hin wird das Überdeck durch ein Vierkantholz abgestützt. Will man an die Maschinenanlage herankommen, wird das Überdeck aus der Einkerbung herausgezogen, die hochgestellte Innenwand entfernt und das Unterdeck über den Jet-Antrieben abgenommen. Der Blick in das Modell von achtern wird frei und man kommt an alle Jet-Antriebe und Steuerteile heran. Das ist sehr wichtig, um Wartungsarbeiten durchführen zu können.

Unterhalb der Radarmastplattform wurden das Namensschild *Pegasus* und die Rettungsinseln angebracht. Zur Bemalung ist zu sagen, dass die Motoryacht weiß, das Unterwasserschiff rot und die Fenster schwarz zu lackieren sind. Zierstreifen vervollständigen den Gesamteindruck. Selbstverständlich darf ein Flaggenstock mit der Bundesflagge nicht fehlen. Wer will, kann die Jacht auch mit *Preiser*-Figuren bevölkern, wie ich es gemacht habe – *Preiser* macht´s möglich.

Da die *Pegasus* etwa dem Maßstab 1:30 entspricht, lassen sich *Preiser*-Figuren, die es auch im Maßstab 1:32 gibt, gut dafür einsetzen. Am achteren Überdeck steht der Eigner dieser Traumyacht einem Fernsehteam Rede und Antwort. Einige Gäste sehen zu, andere sonnen sich auf dem Oberdeck. Am Vorschiff wird ein Hubschrauber von einigen Besatzungsmitgliedern erwartet. Das Achterschiff mit den Heckaufbauten kann nach eigenem Geschmack gestaltet werden. Ich zeige zwei Möglichkeiten, entweder mit offenem Heck oder geschlossen. Das offene Heck entspricht der Originalausführung nach KMB. Sicherlich sind noch weitere Variationen möglich.

In der Praxis hat sich die Mega-Yacht ausgezeichnet bewährt. Sie ist sehr gut zu manövrieren, die Geschwindigkeit entspricht maßstabsgerecht etwa dem Original. Das Fahrbild kann sich sehen lassen. Das Modell ist eine Augenweide am Modellbootteich.

Die Mega-Yacht mit offenem Heck in Fahrt.

Die Mega-Yacht mit geschlossenem Heck in Fahrt.

Abmessungen des Modells
Antipodean (***Pegasus***):
Länge: 1.220 mm
Breite: 250 mm
Höhe: 440 mm
Verdrängung: 8,3 kg

5.3. Modell *SAR 33* mit drei Jet-Antrieben

Unter der Bezeichnung *SAR 33* bringt die Firma KMB einen Materialsatz zum Bau eines Schnellbootes im Maßstab 1:30 auf den Markt. Dieses Modell hat große Ähnlichkeit mit dem seinerzeit von *robbe* gelieferten Baukasten *Coast Guard*, auf den ich im Abschnitt „Die ersten Baukästen mit Jet-Antrieben" eingegangen bin. Dabei handelt es sich offenbar um den gleichen schnittigen Rumpf und auch die Aufbauten ähneln dem Modell *Coast Guard* sehr.

Materialsätze für dieses Modell gibt es in der konventionellen Form, ähnlich *Coast Guard* und als futuristisch aussehendes Modell in der Stealth-Version.

Da ich schon immer ein Schnellbootmodell mit Jet-Antrieb aufbauen wollte, bestellte ich den Materialsatz für die normale Version. Da der Rumpf am Heck sehr breit ist, baute ich drei Jet-Antriebe ein. Um es vorweg zu sagen, das Schnellboot wurde mein schnellstes und am attraktivsten aussehendes Modell mit einem Fahrbild das Freude aufkommen lässt. Rumpf und Deckaufbauten sowie Kanone und Raketenstarter sind getrennt zu bestellen, ebenso die drei Jet-Antriebe mit dem Fahrtregler. Wer bereits ein Modell mit einem Jet-Antrieb gebaut hat und dem die folgenden Modellaufnahmen gefallen, dem kann ich nur raten, es mir nachzumachen.

Bauteile der Firma ***Kehrer***:
1. Art.-Nr. SAR 001, 1 Stück SAR-Rumpf
2. Art.-Nr. SAR 002, 1 Stück SAR-Deckaufbau, Schnellbootversion und Kleinteile
3. Art.-Nr. JET 2801, 2 Stück 28-mm-Jet-Antriebe mit Steuereinheit
4. Art.-Nr. JET 2803, 1 Stück 28-mm-Jet-Antrieb mit Booster-Düse ohne Steuereinheit
5. Art.-Nr. MOT 02, 3 Stück 700-Neodym-Motore, 12 Volt, 10 bis 14 Zellen
6. Art.-Nr. KS 01, 3 Stück Motorkühlschlangen für 700er-Motor
7. Art.-Nr. MOT 06, 3 Stück Motorentstörsätze
8. Art.-Nr. SER 003, 1 Stück Servohalter mit Ansteuerung vor/zurück für zwei Jets
9. Art.-Nr. SER 005a, 1 Stück Universalsteuerung rechts/links für zwei Jets
10. Art.-Nr. FR100/3, 1 Stück AS-16/100BEC Drehzahlsteller
11. Art.-Nr. OTO 01, 1 Stück Bausatz für Oto-Melara Schnellfeuergeschütz
12. Art.-Nr. HAR 01, 1 Paar Harpoon-Doppelstarter 2 × 2 mit Lafette
13. Art.-Nr. SAR12, 1 Radom aus ABS

Um das Modell möglichst vielseitig aufbauen zu können, um jedem Kundenwunsch gerecht zu werden, liefert KMB zu diesem Materialsatz verschiedene Waffensysteme wie z. B. ein Oto-Melara-Geschütz, Bofors, Harpoon-Starter und einen Radom, die aus Bausätzen zusammenzubauen sind.

Die drei Jet-Gehäuse sind so zu platzieren, dass die Mittellinien der beiden seitlichen Ansaugtunnel genau 64 mm von der Mittellinie des mittleren Ansaugtunnels entfernt liegen. Mit einem Filzstift werden die Umrisse der Ansaugtunnel am Schiffsboden angezeichnet. Ebenso verfährt man mit den kreisrunden Düsenöffnungen im Heck. Wie das gemacht wird, wissen wir ja bereits.

Es folgt der Zusammenbau der Jet-Antriebe. Die zwei außen liegenden Jet-Antriebe erhalten Steuerdüsen mit Umkehreinrichtungen, um das Boot von Vorausfahrt auf Rückwärtsfahrt umsteuern zu können. Der mittlere Jet-Antrieb erhält nur eine Booster-Düse für Vor-

SAR 33, Originalversion.

SAR 33 als Schnellboot in Stealth-Version in Fahrt.

Seitliche Ansicht der SAR 33 in Stealth-Version.

Teile eines 28-mm-Kehrer-Jets und Motor mit bereits aufgezogener Alu-Kühlschlange.

ausfahrt. Der Motor dieses Jet-Antriebes muss bei Rückwärtsfahrt des Modells abschaltbar gemacht werden, da er ja, wenn die Umkehrklappen der beiden seitlichen Jet-Antriebe auf Rückwärtsfahrt gestellt sind, diesen entgegen arbeiten würde. Diesen Antrieb abschaltbar zu machen, hat noch einen anderen Vorteil. Das Boot muss nicht ständig mit drei Antrieben gefahren werden, um Strom zu sparen. Der Booster-Antrieb ist nur für die höchste Fahrtstufe gedacht und wirkt wie ein Nachbrenner bei einem Düsenjet.

Auf die drei 700er-Motoren werden die Kühlschlangen aus Alurohr aufgedreht und die Entstörkondensatoren an die Pole angelötet. Danach sind die Motoren am Jet-Gehäuse festzuschrauben und die Impellerwellen mit den Motorwellen durch je eine Hochlastkupplung mit Gummipuffer in der Mitte zu verbinden.

Die so vormontierten Antriebe legen wir beiseite, denn bevor wir sie in den Rumpf einbauen, müssen wir noch einen Bootsständer anfertigen, der dem Bootskörper eine stabile Unterlage gibt. Für die beiden Pallen werden zunächst Pappschablonen angefertigt, die dann auf Sperrholz übertragen, mit einer Laubsäge ausgesägt und auf einem Grundbrett angeleimt werden. Beim Einkleben der drei Jet-Antriebe sind die Jet-Gehäuse über den Ansaugöffnungen auszurichten, damit die Tunnelöffnungen genau darüber zu liegen kommen. Das Einkleben erfolgt mit Stabilit Express. Sind alle drei Jet-Antriebe eingeklebt, können an den beiden äußeren Jet-Antrieben die Steuerdüsen und Umkehreinrichtungen und am mittleren Jet-Antrieb die Booster-Düse angebracht werden.

Für die Ansteuerung der Steuerdüsen, um sie von links nach rechts zu schwenken, liefert die Firma KMB die Ansteuereinheit SER005 und für die Umsteuerung von Voraus- auf Rückwärtsfahrt die Ansteuereinheit SER003.

Diese Ansteuereinheiten werden hinter den Jet-Antrieben etwas erhöht auf einer Art Plattform aufgebaut und die Steuergestänge aus Stahldraht mit den Steuerdüsen und Umkehrklappen durch die in das Heck gebohrten Löcher verbunden.

Darauf achten, dass sich die Steuerdüsen und Umkehrklappen leicht bewegen lassen. Danach wird ein Funktionstest durchgeführt, um zu überprüfen, ob die Ansteuereinheiten richtig arbeiten. Dazu sind die beiden Ansteuerservos mit dem Empfänger zu verbinden, Sender und

Einbau der drei Jet-Antriebe und der Steuereinheiten.

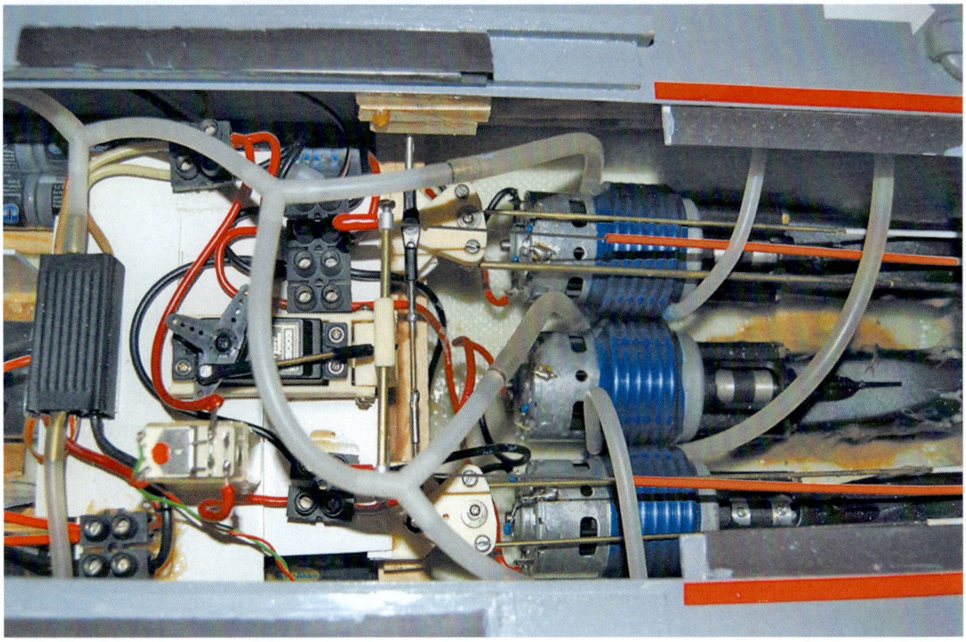

Einbau des Fahrtreglers und Anbringen der Kühlwasser-Kunststoffleitungen über Dreiwegeverteiler zu den drei Motoren und dem Fahrtregler.

Empfänger sind einzuschalten. Wird der rechte Steuerknüppel nach links oder rechts bewegt, müssen sich die Steuerdüsen ebenfalls leicht von rechts nach links und umgekehrt bewegen. Wird der Steuerknüppel nach oben bewegt, müssen sich die Umkehrklappen nach oben klappen, was der Vorausfahrt entspricht, wird er nach unten bewegt, müssen sich die Umkehrklappen nach unten klappen lassen. Das entspricht der Umlenkung des Wasserstrahls und das Boot fährt rückwärts.

Funktioniert alles zufriedenstellend, ist jetzt der Badewannentest durchzuführen, um festzustellen, ob die Ränder der Tunnelgehäuse richtig mit dem Rumpf verklebt sind und nirgends Wasser eindringt. Jetzt sind nur noch über den drei Tunnelöffnungen die Schutzgitter aus Messingdraht anzubringen.

Danach steht dem Einbau der RC-Anlage nichts mehr im Wege. Dabei müssen wir folgendes bedenken. Die drei Motoren und der elektronische Fahrtregler sind wassergekühlt. Um eine richtige Wasserkühlung für alle diese Komponenten zu erreichen, müssen wir, wie bereits im vorigen Abschnitt ausgeführt, eine Zahnrad-Kühlwasserpumpe mit Dreiwegeverteilern einbauen. Da alle drei Motoren und der Fahrtregler mit Kühlwasser versorgt werden müssen,

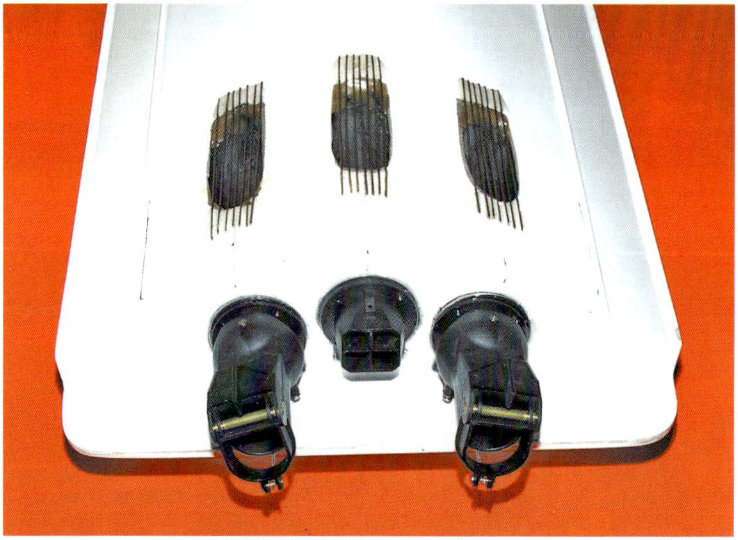

Die mit je einem Gitter geschützten Tunnelöffnungen. Links und rechts die Jet-Antriebe mit den Schwenkdüsen, in der Mitte die Booster-Düse.

Heckansicht des Schnellbootes. In der Mitte die Booster-Düse.

werden drei Dreiwegeverteiler benötigt! Die Kühlwasserpumpe wird etwa in der Mitte des Rumpfes eingebaut. Für das Ansaugrohr muss ein Loch mit einem Durchmesser von 4 mm in den Schiffsboden, für die vier Wasserausläufe, vier weitere Löcher von 4 mm Durchmesser in die Bordwände gebohrt werden. Als Saug- und Auslassrohre werden Messingrohre mit einem Durchmesser von 4 mm verwendet, die in den Rumpf eingeklebt werden. Die Verbindungen zu den Verbrauchern sind mit Kunststoffschläuchen herzustellen.

Wie bereits erwähnt, muss der mittlere Jet-Antrieb mit der Booster-Düse abschaltbar gemacht werden, was mit einem Schaltrelais zu erreichen ist. Die Kontakte des Schaltrelais müssen einen Strom von ca. 10 Ampere vertragen können. Um das Relais ein- und ausschalten zu können, benötigen wir noch einen elektronischen Schalter, den es bei der Firma *Conrad Electronic* gibt. Wird zur Steuerung des Bootes eine 4-Kanalanlage verwendet, ist der vierte Kanal noch frei für den elektronischen Schalter, mit dem das Relais ein- und ausgeschaltet werden kann. Das Funktionsschaltbild gibt darüber Auskunft, wie die Verdrahtung vorzunehmen ist. Allerdings ist auf dem Funktionsschaltbild noch ein 2-Kanal-Memory-Schalter eingezeichnet, wie er von mir aus einem Bausatz der Firma *Conrad Electronic* aufgebaut und in mein Modell eingebaut wurde. Leider ist dieser 2-Kanal-Memory-Schalter im neuen Katalog der Firma nicht mehr aufgeführt, sodass man sich mit einem einfachen elektronischen 2-Kanal-Schalter (Bestellnummer: 19 03 06-51) begnügen muss. In diesem Fall kann der Schalter nur den Booster-Motor ein- und ausschalten. Die Kühlwasser-Zahnradpumpe muss man mit einem getrennten Schalter ein- und ausschalten, was den Vorteil hat, dass man gleich zu Beginn der Fahrt die Wasserkühlung einschaltet und das Kühlwasser bereits aus den Auslaufrohren fließt, obwohl das Boot noch stillsteht. Eine bessere Kontrolle gibt es nicht, um zu sehen, ob das Kühlsystem bereits vor Fahrtbeginn richtig arbeitet.

Zeichenerklärung zum Funktionsschaltbild:
JA1 und JA2: Jet-Antriebe mit Schwenkdüsen,
JA3: Booster-Düse
R: Einschalterelais für Booster-Motor
FR: Fahrtregler
AK1 und AK2: Fahrakkus parallel geschaltet, je 12 Zellen
A: Empfangsantenne
E: Empfänger
B1: Stromversorgung für Empfänger
K 1 bis K4: Kanäle 1 bis 4
ES: Einschalter
S1: Servo für links und rechts
S2: Servo für voraus und zurück
2KMS: 2-Kanal-Memory-Schalter
B2: Stromversorgung für Memory-Schalter
ZP: Kühlwasser-Zahnradpumpe

Der Empfänger mit seiner Stromversorgung und dem 2-Kanal-Schalter werden im Vorschiff untergebracht, die aus zwei parallel geschalteten Fahrakkus von je 12 Zellen und einer Kapazität von je 4.000 mAh rechts und links von der Zahnradpumpe im Mittelschiff liegen, sodass sich eine Gesamtkapazität von 8 Ah bei einer Fahrspannung von 14,4 Volt ergibt. Für die Zahnradpumpe und die Einschaltung des Relais ist eine extra Stromquelle von 12 Volt vorzusehen.

Der Aufbau mit Kommandobrücke wird von der Firma KMB als Fertigteil geliefert. Das Oto-Melara-Geschütz, die beiden Harpoon-Doppelstarter, sowie den Radom gibt es als Bausatz, wie bereits erwähnt. Der Gittermast für die Aufnahme des Radoms wird aus Messingrohr gelötet. Einige weitere Ausbauteile, wie ein weiteres Radargerät, Scheinwerfer, Rettungsinseln, Rettungsringe und ein Schlauchboot mit Kran kamen noch hinzu. Die Firma *robbe* hat ein großes Angebot von diesen Ausschmückungsteilen.

Der Empfänger, der 2-Kanal-Memory-Schalter und die Kühlwasserpumpe sind im mittleren Schiffsteil untergebracht. Links und rechts liegen die Akkus.

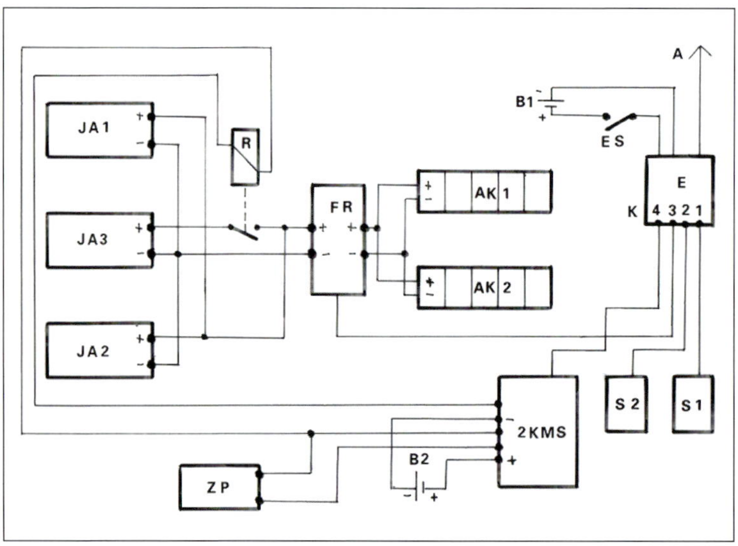

Funktionsschaltbild zur Verkabelung der Anlage.

Der gesamte Aufbau ist abnehmbar. Rund um die Decköffnung wurde ein 15 mm hoher Süllrand aus Holzleisten befestigt, um ein Eindringen von Wasser während der Fahrt auszuschließen.

Der Praxistest verlief wie zu erwarten war ausgezeichnet. Die Geschwindigkeit mit den drei Jet-Antrieben ist faszinierend. Schon alleine mit zwei Jet-Antrieben rast das Boot aufgrund der sagenhaften Rumpfkonstruktion sehr schnell

Ansicht des fertigen Schnellbootmodells.

Ansicht von achtern auf das Schnellboot.

Der abnehmbare Aufbau des Schnellbootmodells.

Das Schnellboot in Fahrt. Kühlwasser tritt an der Bordwand aus.

Mit voller Fahrt voraus. Alle drei Jet-Antriebe sind eingeschaltet.

über das Wasser. Wird jedoch noch der Booster-Motor dazugeschaltet, macht das Boot einen Satz nach vorn. Bei Höchstgeschwindigkeit mit eingeschaltetem Booster-Motor braucht man viel Platz im Wasser, denn der Fahrradius ist sehr groß und liegt bei etwa 12 Metern. Bei Kurvenfahrt ist es daher ratsam, den Booster-Motor auszuschalten und mit der Geschwindigkeit herunter zu gehen.

Abmessungen des Schnellbootmodells
Länge: 1.200 mm
Breite: 240 mm
Höhe: 450 mm
Tiefgang: 80 mm
Verdrängung: 8 kg

6. Weitere Modelle mit *Kehrer*-Jet-Antrieben

Außer den Jet-Modellen die aus Baukästen verschiedener Firmen oder Materialsätzen der Firma KMB gebaut werden können, gibt es noch die Möglichkeit sein eigenes Jet-Modell zu entwerfen oder ein fertiges mit Motor und Schiffspropeller angetriebenes Modell auf Jet-Antrieb umzubauen. In einigen Beispielen werde ich zeigen, wie das gemacht wird.

6.1. Modell Motoryacht *Thor*

Vor einiger Zeit brachte die Firma *Simprop* das Modell Motoryacht *Thor* der dänischen Firma *billings boats* auf den Markt. Das Originalschiff wurde von der italienischen Werft *Alfa Marine* gebaut. Dieses Modell gefiel mir sehr gut und ich baute es auf, jedoch nicht in der ursprünglichen Form mit zwei Motoren der Größe 700 und Schiffspropellerantrieb, sondern mit zwei Jet-Antrieben der Firma KMB. Auch das Aussehen veränderte ich in einen deutschen Zollkreuzer mit entsprechender Farbgebung.

Nachdem die Ausschnitte für die beiden Jet-Antriebe, wie bereits weiter zuvor beschrieben, in den Rumpf und das Heck eingearbeitet waren, wurden die beiden 28-mm-*Kehrer*-Jet-Antriebe zusammengebaut und in das Modell

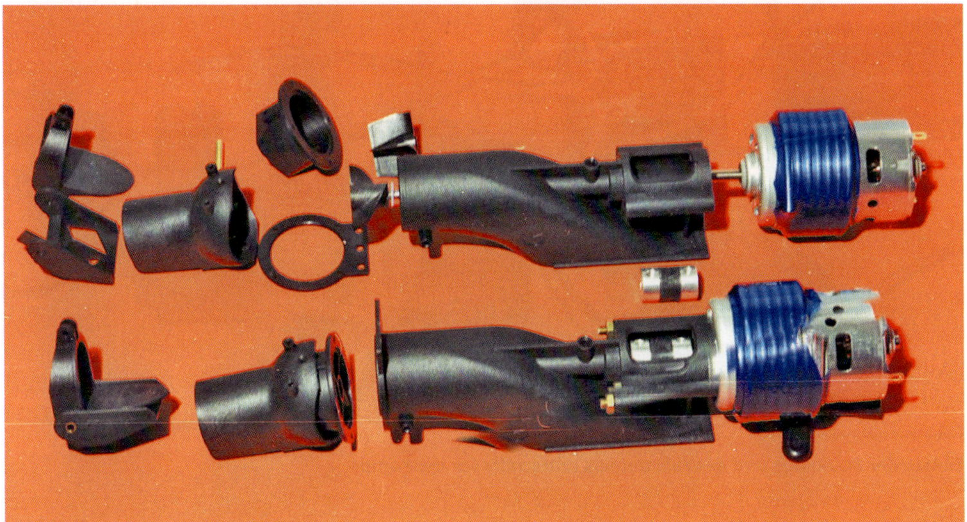

Zusammenbau der beiden Kehrer-28-mm-Jet-Antriebe mit Motor und Düse.

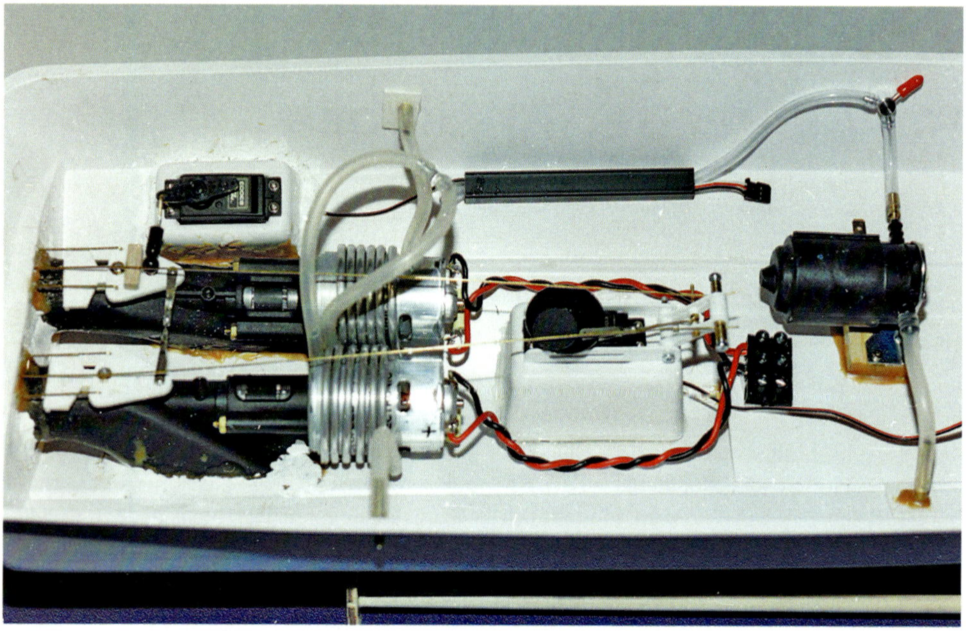

Einbau der Jet-Antriebe, Steuereinheiten und der Kühlwasserpumpe.

Einbau der RC-Anlage und des Fahrtreglers mittschiffs vor der Pumpe.

Wenn die Antriebs- und RC-Anlage im Rumpf eingebaut ist, kann das Deck aufgeklebt werden.

eingebaut. Danach wurden die Steuereinheiten für das Schwenken der Düsen und die Umkehreinrichtungen angebracht. Wie das alles gemacht wird, haben wir ja bei den vorigen Modellen gesehen, sodass ich hier nicht nochmals darauf eingehe. Als Fahrtregler baute ich den wassergekühlten RSC 535 MP von *robbe* für beide Motoren ein. Um eine sichere Wasserkühlung zu gewährleisten, wurde eine *Kavan*-Zahnrad-Kühlwasserpumpe zur Kühlung der beiden Motoren und des elektronischen Fahrtreglers eingebaut.

Der Einbau der RC-Komponenten erfolgte mittschiffs. Die Kühlwasserpumpe und der Fahrtregler befinden sich gleich vor den Jet-Antrieben, der Empfänger mit der getrennten Empfängerstromversorgung wurden auf einer extra ABS-Platte montiert. Neben dem Empfänger war noch Platz für einen elektronischen 2-Kanal-Schalter. Da der vierte Kanal noch frei war, ließ sich daran der 2-Kanal-Schalter anschließen, mit dem die Kühlwasserpumpe ein- und wieder ausgeschaltet werden konnte. Die beiden Fahrakkus waren zu beiden Seiten der RC-Komponenten gelagert und parallelgeschaltet, um eine höhere Kapazität und damit eine längere Fahrzeit zu erhalten.

Nachdem die RC-Komponenten und die Antriebsanlage eingebaut waren, wurde das Deck auf den Rumpf geklebt. Dabei sind Wäscheklammern eine große Hilfe.

Bei den Aufbauten wurden, bedingt durch den Bootstyp eines Zollkreuzers, einige Änderungen gegenüber der *Thor* vorgenommen. Da ein großer Zollkreuzer keinen freien Fahrstand hat, wie eine Motoryacht, wurde der Ausschnitt für den freien Fahrstand bei der *Thor* unverändert gelassen, sodass das Brückenhaus durchgehend blieb. Dazu kamen einige weitere Ausschmückungsteile wie ein zweites Radargerät, ein großer Suchscheinwerfer, um die Schmuggler besser erfassen zu können, zwei Stabanten-

Der abgeänderte Aufbau.

Die Aufbauten sind abnehmbar.

Das fertige Modell des Zollkreuzers der Küstenwache.

Seitliche Ansicht auf das Heck mit den beiden Jet-Antrieben.

Der Zollkreuzer in Fahrt.

Der Zollkreuzer kommt elegant aus der Kurve.

Der Einsatzbefehl ist gekommen. 3 × AK Voraus!.

nen usw. Der Kran und das Schlauchboot blieben unverändert. Zur Bemalung ist zu sagen, dass das Deck hellgrau, das Überwasserschiff grün und das Unterwasserschiff rot lackiert wurden. Es wurden die ungiftigen Acrylfarben verwendet. Da alle größeren deutschen Zollboote ebenso wie die Polizeiboote und Boote der Bundespolizei zur Deutschen Küstenwache zusammengeschlossen sind, erhielt auch der Zollkreuzer an beiden Seiten der Bordwand die querstehenden Streifen Schwarz, Rot, Gelb und den Schriftzug *Küstenwache* in weißer Farbe.

Nach Fertigstellung des Modells ging es gleich zum Modellbootteich. Bei Vollgas schoss der Zollkreuzer über den See. Die Lenkung arbeitete einwandfrei.

Das Modell war nicht nur schnell sondern auch sehr wendig. Der Wendekreisdurchmesser lag bei etwa 3 bis 4 Metern, je nach Geschwindigkeit. Wurde die Kühlwasserpumpe über Kanal 4 eingeschaltet, lief das erwärmte Kühlwasser an der Bordwand wieder heraus. So war eine Kontrolle sofort möglich, ob der Kühlwasserkreislauf richtig arbeitet.

Abmessungen des Zollkreuzers
Länge: 1.000 mm
Breite: 260 mm
Höhe: 300 mm
Verdrängung: 5 kg

6.2. Modell *HMCC Sentinel*

Ähnlich wie die Motoryacht *Thor* von *Simprop* erging es dem Modell *HMCC Sentinel* von der Firma *Krick*. Als Vorbild für die *Sentinel* diente ein britischer Zollkreuzer der Island-Klasse, der auf der *Vosper Thornycroft* Werft gebaut wurde. Dieses Modell baute ich zu einem Semiscale-Modell eines deutschen Fischereischutzbootes um. Um dies zu erreichen waren einige kleine Umbauten des Aufbaus und ein neues Deck erforderlich. Eine andere Farbgebung vervollständigte das Bild. Doch hauptsächlich ging es mir wieder um den vorgesehenen Schiffspropeller-Antrieb, den ich durch einen Jet-Antrieb von KMB ersetzte. Nachdem alle Rumpfkanten plangeschliffen und die Decksleisten eingeklebt waren, Wäscheklammern leisteten dabei wieder eine gute Hilfe, wurde der Rumpf kopfüber auf eine neue Polystyrolplatte gelegt, aus der das neue Deck entstehen sollte. Die Konturen der Rumpfoberkante wurden nachgezeichnet und anschließend wurde das neue Deck mit einer Laubsäge ausgeschnitten. Um später an die RC-Anlage und an den Jet-Antrieb herankommen zu können, musste das Deck mit zwei Ausschnitten versehen werden.

Während der Decksauschnitt im Vorschiff von dem Brückenaufbau überdeckt wurde, musste der Decksausschnitt achtern wieder mit einer Abdeckplatte aus Polystyrol verschlossen werden. Unterhalb des Decks wurden zur Verstärkung Holzleisten angeklebt.

Für den Einbau des *Kehrer*-Jet-Antriebs wurden folgende Spezialteile benötigt:
1 × 28-mm-Jet mit Steuereinheit und Rückfahrklappe, Bestellnummer: JET2804
1 × 700-Neodym-Motor 66 mm 9,6 V, 10-14 Zellen, Bestellnummer: MOT1/66
1 × Motorkühlschlange für 700/800-Motor, Bestellnummer: KS01
1 × Drehzahlsteller, Bestellnummer: FR 70

Der Zusammenbau und Einbau des Jet-Antriebs erfolgte wie mehrfach beschrieben, sodass ich hier nicht näher darauf eingehe. Für die Steuerung wurden zwei Servos benötigt, das eine für die Lenkung der Steuerdüse, das andere für die Rückfahrklappe. Das Servo für die Steuerdüse wurde gleich hinter dem Motor, das für die Rückfahrklappe rechts neben dem Jet-Gehäuse, in Fahrtrichtung gesehen, angebracht. Drahtgestänge übernahmen die Lenkfunktionen. Da dieses Modell einen schlanken Bootskörper hatte, musste der Einbau der RC-Komponenten vorher genau geplant werden. In der Mitte des Rumpfes habe ich zwei Holzleisten 6×30 mm so

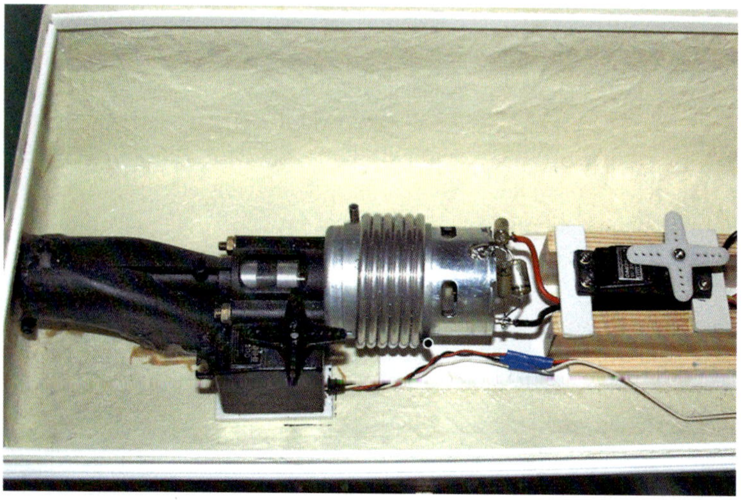

Einbau des Jet-Antriebs.

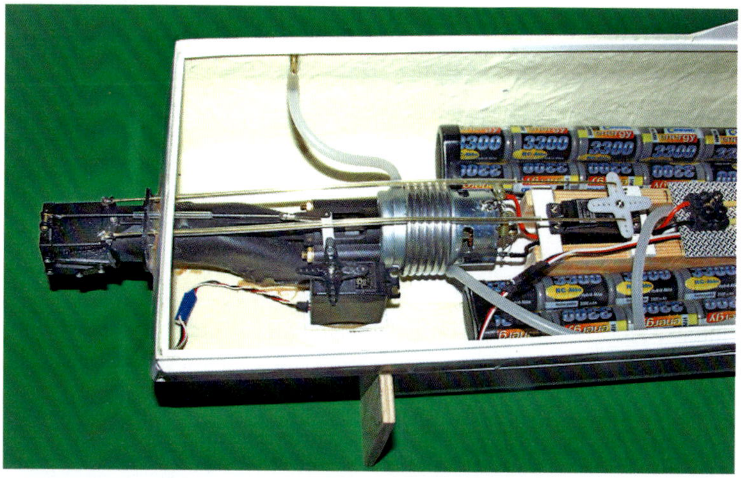

Einbau der Steuerteile mit Gestänge.

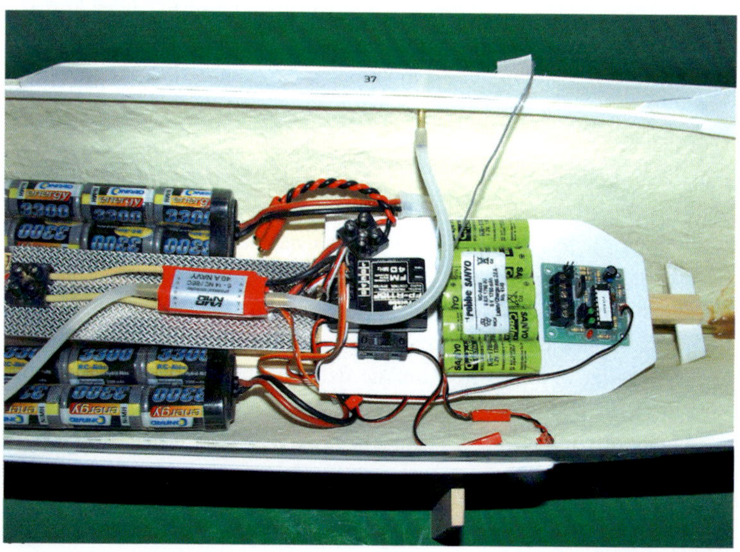

Einbau der RC-Anlage im Vorschiff.

angebracht, dass dazwischen ein Freiraum von etwa 20 mm als Kabelkanal verblieb. Der Platz links und rechts zur Bordwand hin blieb frei, dort lagerten die beiden Fahrakkus. Überdeckt wurde der Kabelkanal von einem Blech, auf dem der elektronische Fahrtregler befestigt war. Der Empfänger mit der Stromversorgung, der Einschalter und ein 2-Kanal-Memory-Schalter, fanden im Vorschiff Platz. Der 2-Kanal-Memory-Schalter wurde benötigt, weil ich eine Sirene und Beleuchtung eingebaut hatte. Da für ein Jet-angetriebenes Modell drei Kanäle benötigt werden, blieb bei meiner 4-Kanalanlage der vierte Kanal unbenutzt. Mit diesem vierten Kanal hatte ich die Möglichkeit, den 2-Kanal-Memory-Schalter zum Ein- und Ausschalten der beiden Verbraucher zu benutzen.

Sinnvoll war es, die Kanalbelegung der RC-Anlage wie folgt festzulegen:
Rechter Steuerknüppel nach oben: geregelte Vorausfahrt.
Rechter Steuerknüppel links/rechts: Lenkung der Steuerdüse links/rechts.
Der linke Steuerknüppel wurde so justiert, dass er in Neutralstellung oben liegt. Wird er nach unten bewegt, fuhr die Rückfahrklappe nach unten und das Modell fuhr rückwärts. Linker Steuerknüppel nach links, Kanal A des 2-Kanal-Memory-Schalters wurde aktiviert, Verbraucher 1 wurde eingeschaltet. Nach erneutem Tasten wurde der Verbraucher 1 wieder ausgeschaltet.
Linker Steuerknüppel nach rechts, Kanal B des 2-Kanal-Memory-Schalters wurde aktiviert, Verbraucher 2 wurde eingeschaltet. Nach erneutem Tasten wurde der Verbraucher 2 wieder ausgeschaltet.

Motor und Fahrtregler benötigten wieder eine Wasserkühlung. Für den Einbau einer Kühlwasserpumpe war jedoch kein Platz vorhanden. Ich hatte das Problem folgendermaßen gelöst: Ganz vorne in Bugnähe wurde ein Messingrohr von 4 mm Durchmesser eingeklebt. Am inneren Rohrende wurde ein Kunststoffschlauch angeschlossen, der durch den Kabelkanal bis

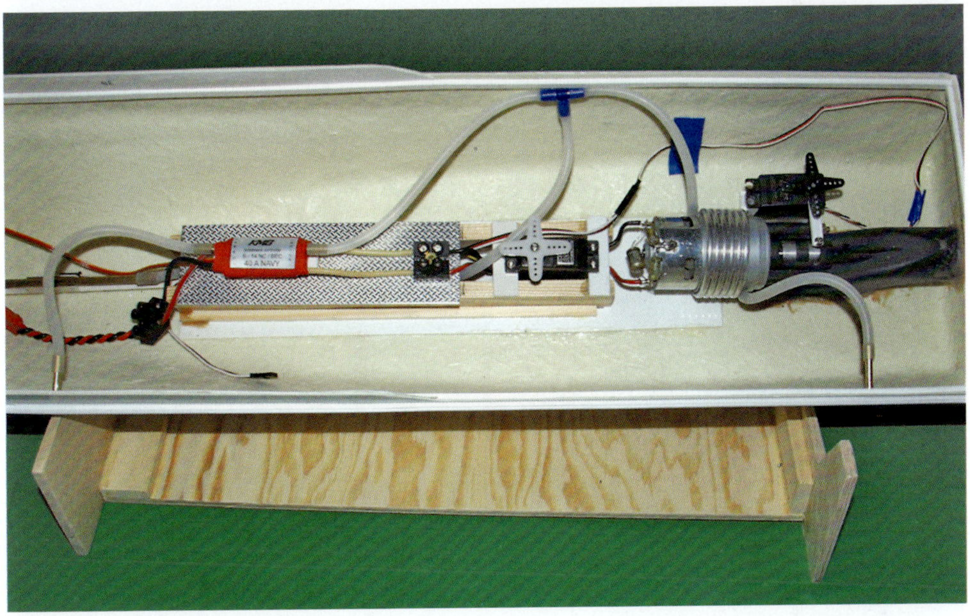

Der Kühlwasserkreislauf zum Motor und Fahrtregler erfolgt über einen Dreiwegeverteiler, hier deutlich zu erkennen.

Das fertige Modell des Fischereischutzbootes.

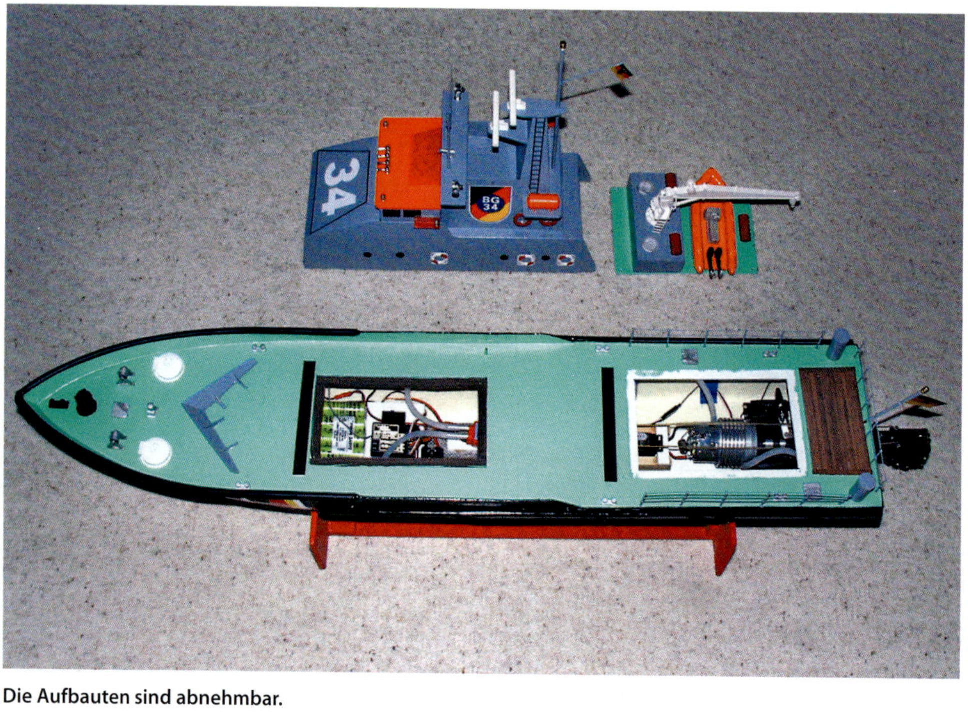

Die Aufbauten sind abnehmbar.

Das Modell in Fahrt.

Das Fischereischutzboot im Einsatz.

Nach einer Kurvenfahrt kehrt das Boot sofort in die Normallage zurück.

zum Lenkservo und von dort aus durch den Kabelkanal nach außen zu einem Dreiwegeverteiler führte. Von diesem Verteiler führten weitere Kunststoffschläuche zur Motorkühlschlange des Motors und zum Fahrtregler, der ebenfalls gekühlt werden musste. An der Backbordinnenwand, über der Wasserlinie, wurden zwei 4-mm-Messingröhrchen eingeklebt, die als Kühlwasser-Auslaufrohre für den Motor und den Fahrtregler dienten. Kunststoff-schläuche stellten die Verbindungen zum Motor und Fahrtregler her. Da Modelle mit Jet-Antrieben hohe Fahrgeschwindigkeiten erreichen, dringt das Kühlwasser von vorne in das Ansaugrohr im Bug ein und versorgt den Kühlwasserkreislauf bei Fahrt mit Kühlwasser.

Damit waren alle Einbauarbeiten im Rumpf beendet. Nach einer Funktionskontrolle konnte das Deck aufgeklebt werden. Wie schon erwähnt, habe ich bei dem Aufbau einige Umbaumaßnahmen vorgenommen, da es sich ja jetzt um ein deutsches Küstenwach- und Fischereischutzboot handelte. Das hatte auch noch den Vorteil, dass nicht jedes Baukastenmodell dem anderen gleicht. Jeder hat die Möglichkeit, sein Modell ganz individuell zu gestalten, wenn es sich nicht gerade um ein hundertprozentiges Scale-Modell handelt.

Teilweise wurde der Brückenaufbau und der Mast den deutschen Bootstypen entsprechend abgeändert. Hinter dem Brückenaufbau wurde ein Kran aufgebaut, der auch für das Auslegen und Wiedereinholen des Schlauchbootes gebraucht wird. Dieser Kranaufbau mit dem Schlauchboot war auf der Abdeckplatte für den hinteren Deckausschnitt angebracht und konnte somit abgenommen werden. Die Farbgebung wurde an die der deutschen Fischereischutzboote angepasst: Rumpf unter Wasser in Rot, Rumpf über Wasser in Schwarz, das Deck in Grün und die Aufbauten in Grau. Nach Fertigstellung des Modells ging es sofort an den See. Die Erwartung war groß und ich wurde nicht enttäuscht. Wieder einmal hatte mich der *Kehrer*-Jet-Antrieb überzeugt. Bei hoher Geschwindigkeit legte sich das Boot in die Kurve, um sich sofort bei Geradeausfahrt wieder aufzurichten. Das Modell war sehr wendig und man musste aufpassen nicht zu schnell in die Kurve zu gehen.

Abmessungen des Modells
Fischereischutzboot
Länge: 960 mm
Breite: 200 mm
Höhe: 420 mm
Verdrängung: 6,5 kg

6.3. Modell *Florida-Jet*

Bei den eben beschriebenen beiden Modellen *Thor* und *Sentinel* handelt es sich um Baukastenmodelle, bei denen es noch vor deren Aufbau und Fertigstellung geplant war, die vorgesehene konventionelle Antriebsanlage mit Schiffspropeller durch einen Jet-Antrieb zu ersetzen. Der Umbau war daher sehr einfach, da die Propelleranlage noch nicht eingebaut war und somit nicht erst ausgebaut werden musste. Ganz anders in diesem Fall beim Sportbootmodell *Florida* von *robbe*. Die *Florida* war bereits eine längere Zeit im Einsatz und hatte sich in dieser Zeit gut bewährt. Da ich gerade kein Modell im Bau hatte, kam ich auf die Idee, doch einmal zu versuchen, den alten Z-Drive-Antrieb der *Florida* durch einen Jet-Antrieb zu ersetzen.

Zunächst musste der Motor mit dem Stevenrohr ausgebaut werden. Der Ausbau erfolgte nach der altbekannten Methode, Loch neben Loch mit einem 1 mm starken Bohrer rund um die Konturen des alten Antriebs in den Rumpf bohren und das nicht mehr benötigte Teil mit einem Hobbymesser von Loch zu Loch auszuschneiden. Danach die Umrisse des Jet-Tunnels einzeichnen, die Öffnung entsprechend vergrößern und die Kanten planschleifen.

Da der eine oder andere Leser evtl. noch eine *Florida* oder ein ähnliches Modell liegen hat und es mir gleichmachen möchte, beschreibe ich nachfolgend wie ich den Umbau vorgenommen habe.

Aus einer 2 mm starken ABS-Kunststoffplatte wird eine Platte mit den Abmessungen 140×50 mm herausgeschnitten. Sie dient als Grundplatte für den Jet-Aufbau. Zwei weitere Platten aus dem gleichen Material mit den Abmessungen 100×50 mm dienen als Innen-

Ausbau des alten Antriebs und Vorbereitungen für den Einbau des Jet-Antriebs.

verblendung und Heckspiegel. Beide Platten erhalten kreisrunde Ausschnitte mit einem Durchmesser von 31 mm, die mit der Laubsäge auszusägen sind. Durch diese Löcher ragt später die Düsenöffnung aus dem Heckspiegel. Die Jet-Grundplatte und die Innenverblendung werden im Inneren des Bootsrumpfes so platziert, dass die Tunnelansaugöffnung und Düsenaustrittsöffnung so zu liegen kommen, wie sie später eingeklebt werden sollen. Die Lage wird am Rumpfboden und am Heck markiert. Beide Platten werden wieder herausgenommen und an den markierten Stellen am Jet-Gehäuse mit Stabilit Express angeklebt. Danach kann der Antriebsmotor der Baureihe 700 am Jet-Gehäuse angebaut werden. Eine Hochlastkupplung 4/5 mm, die mit dem Jet-Antrieb mitgeliefert wird, stellt die Verbindung zwischen Motorwelle und Impellerwelle her. An den Motoranschlüssen sind noch die Entstörkondensatoren anzulöten.

Der so vormontierte Jet-Antrieb wird anschließend in den Rumpf eingeklebt. Auch die hintere Abschlussplatte ist am Spiegelheck anzukleben, sodass die Düsenöffnung des Jet-Gehäuses nach außen zu liegen kommt. Anschließend ist der Flanschring auf die Verjüngung der Düsenöffnung zu schieben und anzukleben und die Steuerdüse mit vier Schrauben am Flanschring anzuschrauben. Nach einer Austrockenzeit von circa drei Stunden ist ein Badewannentest durchzuführen, um sicher zu gehen, dass alle Verklebungen dicht sind und kein Sickerwasser eindringt. Ist alles in Ordnung, werden durch den Flanschring die Löcher für die Lenkgestänge gebohrt. Die Gestänge werden aus 1 mm starkem Stahldraht oder 1,5 mm starkem Messingdraht abgeschnitten.

Das Lenkservo für die Steuerdüse wird gleich hinter dem Motor in der Mitte des Bootskörpers befestigt. Bei diesem Modell habe ich auf eine Umkehreinrichtung und damit auf Rückwärtsfahrt verzichtet. Die *Florida-Jet* ist durch die Steuerdüse so manövrierfähig, dass man auf Rückwärtsfahrt verzichten kann. Das vereinfacht den Aufbau und man kommt mit einer einfachen 2-Kanal-Fernsteueranlage aus, da sonst drei Kanäle benötigt würden, wie wir wissen.

Lenkservo, Empfänger, Empfängerstromversorgung und elektronischer Fahrtregler werden auf einer 2 mm starken Kunststoffplatte

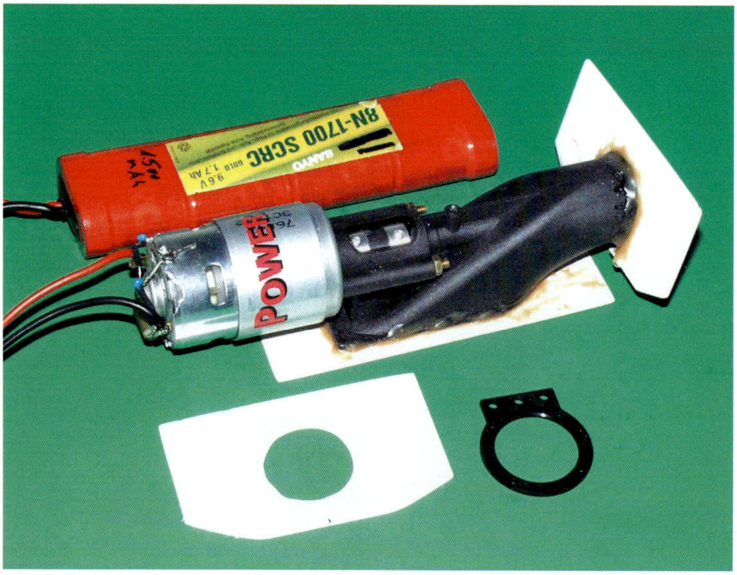

Der Jet-Antrieb wird für den Einbau in den Rumpf der Florida vorbereitet.

Blick in das Modell mit dem Jet-Antrieb und der RC Anlage bei abgenommenem Cockpit.

mit den Abmessungen 120×100 mm befestigt. Der Fahrakku, zwei 9,6-V-Akkupacks (8 Zellen) sind hintereinander geschaltet und liegen rechts und links vom Jet-Antrieb, befestigt mit Klettband. Als elektronischer Fahrtregler eignet sich der wassergekühlte *Rokraft 120* von *robbe*. Bei diesem Boot habe ich eine getrennte Empfängerstromversorgung vorgesehen, da ein Mehrgewicht von ca. 100 Gramm dem Boot nichts ausmacht. Es ist eine Vorsichtsmaßnahme, um sicher zu gehen. Denn wenn der Fahrakku auf unter 6 Volt absinken sollte, arbeitet die BEC-Stabilisierung nicht mehr, was zur Folge hat, dass sich das Boot nicht mehr steuern lassen würde. Eine Tatsache, die oft nicht beachtet wird. Wer es mir gleichtun möchte, muss die rote Leitung des Fahrtreglerkabels aus dem Stecker ziehen. Wird dagegen im BEC-Status gearbeitet und der Empfänger aus dem Fahrakku versorgt, bleibt die rote Leitung selbstverständlich erhalten. Als letzte Arbeit sind noch die Gitterstäbe über der Ansaugöffnung als Schutz gegen das Ansaugen von Verunreinigungen anzubringen. Dazu ist der Bootskörper über Kopf auf den Arbeitstisch zu stellen.

Damit ist der Umbau der *Florida* abgeschlossen und es erfolgt zunächst ein Funktionstest im Trockenen. Der Fahrakku wird an den Fahrtregler angeschlossen, Sender und Empfänger werden eingeschaltet. Prüfen, ob die Steuerdüse sich beim Betätigen des Lenkhebels am Sender bei den entsprechenden Kommandos nach links und rechts auslenken lässt. Um festzustellen, ob der Motor richtig gepolt ist, wie weiter zuvor beschrieben, ein Stück Papier hinter die Düse halten. Der Luftstrom muss das Papier wegdrücken.

Am Modellbootteich angekommen, war ich gespannt, wie sich die *Florida* mit Jet-Antrieb im Wasser verhalten würde. Vorsichtig schob ich den Fahrthebel nach oben und schon raste das Boot über das Wasser. Bevor ich nun den Hebel auf „Volle Fahrt" schob, kontrollierte ich noch die Manövrierfähigkeit bei Kurven-

Das Schutzgitter über der Tunnelöffnung wird angebracht.

Das Heck mit dem neuen Jet-Antrieb.

Das fertig umgebaute Modell Florida mit Jet-Antrieb.

Die Florida in Fahrt.

Ein Blick auf den neuen Jet-Antrieb der Florida.

Die Florida mit Jet-Antrieb in voller Fahrt.

fahrt. Das Modell ließ sich ausgezeichnet lenken, der Wendekreisdurchmesser liegt bei etwa zwei Metern. Dann zog ich den Fahrthebel ganz nach oben und die *Florida* machte einen Satz nach vorne und ab ging die Post. Als Vergleich zur Fahrgeschwindigkeit mit dem Original Z-Drive-Antrieb würde ich sagen, dass sich die Geschwindigkeit etwa verdreifacht hat. Der Umbau hat sich demnach gelohnt. Meine Erwartungen wurden weit übertroffen.

Abmessungen des Modells ***Florida-Jet***
Länge: 720 mm
Breite: 230 mm
Höhe: 230 mm
Verdrängung: 1,8 kg

6.4. Modell *Rapido 600-Jet*

Noch etwas schneller als die *Florida* mit Jet-Antrieb, ist die *Rapido 600* von *robbe*, nachdem ich bei diesem Boot ebenfalls den Original-Antrieb ausbaute und durch einen Jet-Antrieb ersetzte. Auch bei diesem Modell mussten vorher der alte Antrieb und alle anderen Komponenten ausgebaut werden, um Platz für die neuen Bauteile zu bekommen. Das ging nicht ganz ohne Gewalt ab, da die Sperrholzteile für die Lagerung des Empfängers und des Ruderservos mit Stabilit Express eingeklebt waren. Das Stevenrohr und der Ruderkoker wurden ausgebohrt und die Ränder plangeschliffen. Das Loch vom Stevenrohr wurde abgedichtet. Aus einem 1 mm starken ABS-Abfallstück wurde ein entsprechend großes Stück ausgesägt und von unten mit Stabilit Express auf den unteren Rumpfboden aufgeklebt. Von oben wurde Klebstoff in das Loch eingefüllt, sodass der Rumpf wieder dicht war. Das Loch vom ausgeschnittenen Ruderkoker befand sich genau dort, wo die Öffnung für den Jet-Tunnel ausgeschnitten werden musste. Das Kühlwassereinlass- und -auslassrohr konnte im Rumpf verbleiben, da beide Rohre wieder für die Kühlung des Fahrtreglers benötigt wurden.

Von der Firma *Kehrer* besorgte ich mir einen 28-mm-Jet-Antrieb und bereitete ihn für den Einbau vor. Am Heck des Bootes wurde eine Öffnung ausgearbeitet, durch die die Jet-Düse von innen nach außen ragt. Da die *Rapido*

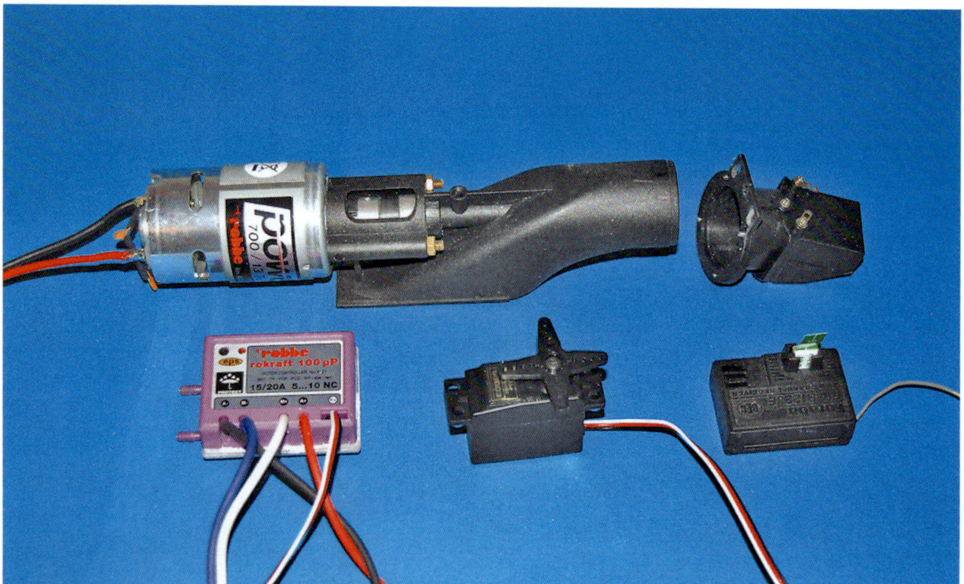

Kehrer-Jet-Antrieb mit Motor und Fahrtregler von robbe.

Vorbereitungen am Rumpf für den Jet-Einbau.

Einbau des Jet-Antriebs.

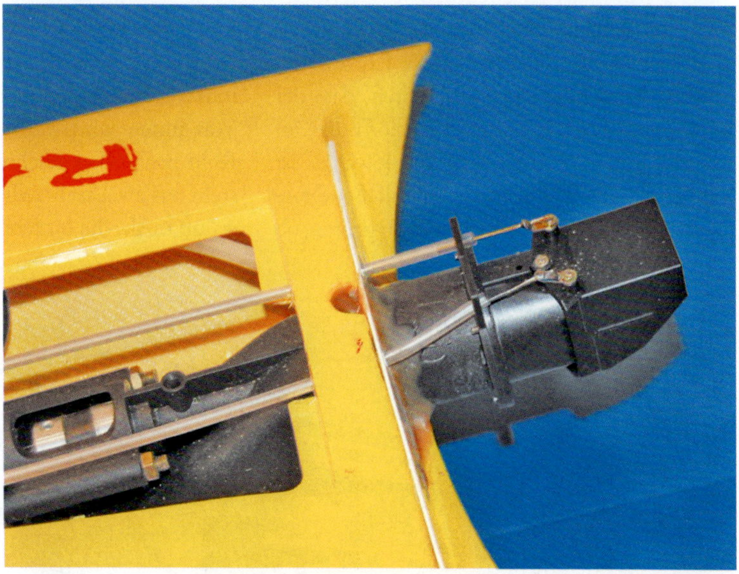

Ansicht von unten.

recht kurz ist, musste die Düse aus dem Bootskörper viel weiter herausragen als normalerweise üblich. Nachdem die richtige Lage ermittelt wurde, zeichnete ich die Umrisse der Tunnelöffnung am Rumpfboden an und sägte sie mit einer Laubsäge aus.

Als Elektromotor für den Jet-Antrieb verwende ich einen *Power 700/13* von *robbe* und als Fahrtregler den *Rokraft 100 PM* ebenfalls von *robbe*.

Sollte einer der Leser inzwischen Lust bekommen haben, mir es nachzumachen und seine *Rapido 600* ebenfalls auf Jet-Antrieb umzubauen, der sollte sich ab nun genau an meine Beschreibung halten.

Der Motor ist zu entstören. Die fertiggestellte Antriebseinheit wird in den Rumpf eingebaut. Als Klebstoff wird Stabilit Express verwendet. Beim Einbau darauf achten, dass der Jet-Tunnel genau über der Tunnelöffnung im Boot zu liegen kommt. Auch die Jet-Düse ist mit dem Heck zu verkleben. Anschließend rate ich zu einem Badewannentest, um zu prüfen, ob die Klebestellen dicht sind und an keiner Stelle Wasser in den Rumpf eindringt.

Die Schwenkdüse wird wie bekannt am Düsenausgang angebracht. Ganz vorne im Bug wird das Lenkservo eingebaut. Vom Lenkservo führen die beiden Lenkgestänge zur Schwenkdüse. Ich habe dafür 1 mm starken Stahldraht verwendet. Um die Führung des Gestänges wasserdicht zu machen, wird der Stahldraht durch einen Plastikschlauch mit einem Innendurchmesser von 1 mm und einem Außendurchmesser von 2 mm geführt. Der Plastikschlauch wird bei der Durchführung im Heck wasserdicht verklebt. Hinter dem Lenkservo wird der Empfänger und daneben der elektronische Fahrtregler eingebaut. Die Antenne führt man durch ein Plastikrohr nach außen. Dazu muss ein Loch mit dem Durchmesser des Plastikrohres in das Deck des Bootskörpers gebohrt werden. Von innen wird die Antennenlitze duch das Rohr nach oben geschoben. Der Fahrakku besteht aus zwei sechszelligen NiMH-Akkupacks 4.000 mAh, die hintereinander geschaltet wer-

Der eingebaute Jet-Antrieb und die RC Anlage ohne Fahrakkus.

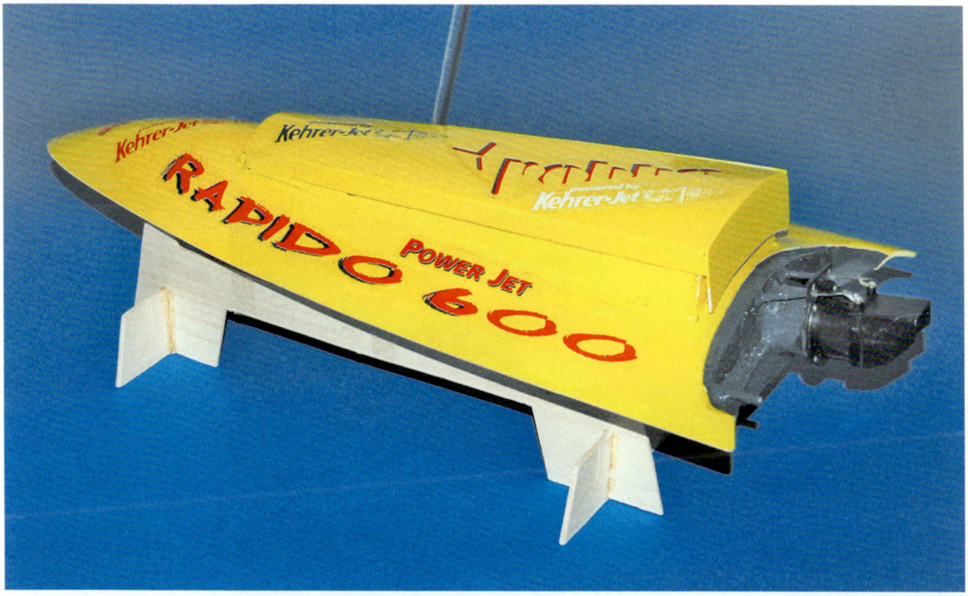

Das fertige auf Jet-Antrieb umgebaute Modell Rapido 600.

den, sodass die Betriebsspannung für den Jet-Antrieb 14,4 Volt beträgt. Die Akkus liegen links und rechts neben dem Jet-Antrieb. Für den Empfänger muss eine zusätzliche Empfängerstromversorgung eingebaut werden. Die Batteriebox und der Einschalter sind über dem Motor auf ABS-Abfallstücken anzubringen, die jederzeit abgenommen werden können, um die beiden Fahrakkus einzulegen. Damit ist jede Stelle im Boot ausgefüllt. Gesteuert wird mit einer einfachen 2-Kanal-Anlage, da auf Rückwärtsfahrt verzichtet wird.

Es war mir von vornherein klar, dass die beiden Fahrakkus das Heck weit nach unten drücken würden und ich eine Art Cockpit über der Decksöffnung anbringen musste, damit kein Wasser eindringen kann. Bei einem weiteren Badewannentest, nachdem alle Komponenten und die Fahrakkus eingebaut waren, stellte ich fest, dass die hinteren Flügelspitzen des Bootsrumpfes unter Wasser lagen. Ich habe daher eine sich nach vorne verjüngende Cockpithaube aus ABS entworfen, die hinten 4 cm und vorne 2 cm über der Decksöffnung hochsteht. Diese Seitenteile werden so eingeklebt, dass die alte Deckabdeckung der *Rapido 600* oben draufpasst. Die Deckabdeckung erhielt seitlich, vorne und hinten je einen Wasserabweiser gegen Spritzwasser. Vorne und hinten werden ABS-Abschlussstücke eingeklebt. Da es sich um eine Art Experimentierboot handelt, wurde in diesem Fall auf Schönheit kein Wert gelegt, es ging dabei hauptsächlich darum, zu versuchen, die *Rapido 600* mit einem Jet-Antrieb auszurüsten, um es zu einer kleinen Rakete auf dem Modellbootteich zu machen. Mir ist auch klar, dass der Jet-Antrieb mit dem 700er-Motor für dieses kleine Boot völlig überdimensioniert ist, ein kleinerer würde es normalerweise auch machen. Aber es handelt sich eben nicht um ein normales Modell.

Nachdem alles fertig war, setzte ich die *Rapido-Jet* noch einmal in die Badewanne, um die Akkus in die richtige Lage zu bringen. Auch konnte ich es mir nicht verkneifen, einen Test mit sehr langsam laufendem Jet-Antrieb zu machen. Ich war mir dabei wohl bewusst, dass ich damit das ganze Badezimmer hätte unter Wasser

Die Rapido in Fahrt.

Der Antrieb von achtern.

Die Rapido geht auf Gegenkurs.

setzen können, wenn ich auf Vollgas gegangen wäre. Damit war die *Rapido 600* mit Jet-Antrieb fertig und konnte am Modellbootteich ausprobiert werden. Dort angekommen, war die Erwartung groß, wie sich das Modell im Wasser verhalten würde. Ich brachte die neue *Rapido 600* zu Wasser und schob ganz langsam den Fahrthebel des Senders nach oben. Das genügte schon für einen Satz nach vorne. Erschrocken nahm ich den Fahrthebel zurück. Das konnte ja heiter werden. Erneut gab ich Gas und legte ganz langsam den Fahrthebel nach vorne. Mit einem Satz schoss die *Rapido* davon. Ich war begeistert und freute mich, dass der Umbau gelungen war. Gegenüber der *Rapido 600* mit Originalantrieb hat sich die Geschwindigkeit etwa verdreifacht. Allerdings ist es nicht ganz einfach, die Rakete auf Kurs zu halten. Das Boot hat das Bestreben wie ein störrisches Pferd stets auszubrechen. Mit etwas Übung schafft man es jedoch, sie auf Kurs zu halten. Legt man den Steuerhebel voll auf Kurvenfahrt, dreht sich das Modell auf der Stelle, springt einige Zentimeter aus dem Wasser und rast in entgegengesetzter Richtung davon. Die *Rapido*-Rakete mit Jet-Antrieb ist nicht nur schnell sondern auch ein richtiges Spaßboot. Etwas Ruhe beim Steuern brachte ein etwa 3 cm breiter Kiel aus 2 mm starkem ABS, den ich genau in der Mitte unter dem Rumpf hochgestellt anbrachte. Das Ausbrechen des Modells während der Fahrt wurde dadurch unterbunden.

Technische Daten des Modells
***Rapido 600-Jet*:**
Länge: 550 mm
Breite: 230 mm
Höhe: 110 mm
Verdrängung: 1,6 kg

6.5. Experimentalmodell *Wave Explorer-Jet*

Da ich gerne Experimente mit Schiffsmodellen durchführe, das war schon immer so, machte ich mir Gedanken darüber, ob es möglich wäre, ein Jet-Modell mit einem herkömmlichen Ruder auszustatten und die Lenkbewegungen wie bei allen anderen Schiffsmodellen über ein Lenkservo durchzuführen. Das hätte den Vorteil, dass man den Jet-Antrieb fest einbauen und sich die Teile für die Schwenkdüse ersparen könnte. Mein Gedanke ging jedoch noch weiter, denn mir schwebte vor, anstatt einer Schwenkdüse nur eine Booster-Düse einzusetzen, die dauernd nach hinten gerichtet den Wasserstrahl ausstößt, was dazu beitragen würde, den Wirkungsgrad der Düse zu verbessern, da jede Schwenkdüse im Wasser, wird sie nach rechts oder links ausgelenkt, die Geschwindigkeit etwas abbremst. Mir war klar, dass dieses Experiment nur mit zwei Jet-Antrieben möglich sein würde, da das Ruder in der Mitte der beiden Ausstoßdüsen gelagert sein müsste, wie bei einem mit zwei Schiffspropellern angetriebenem Schiffsmodell.

Auf der Suche nach einem geeigneten Rennbootmodell wurde ich bei meinen ausgemusterten Modellen fündig. Schon lange lag das *Graupner*-Modell *Wave Explorer* unbenutzt bei mir im Keller und beim Betrachten des Modells war mir sofort klar, dass dies mein Experimentalmodell für den Umbau auf zwei Jet-Antriebe und ein normales Ruderblatt in der Mitte werden sollte.

Zunächst mussten alle Bauteile und RC-Komponenten im Inneren des Bootes ausgebaut werden. Nachdem dies geschehen war, und die bei der Firma *Kehrer* bestellten zwei 28-mm-Jet-Antriebe bei mir angekommen waren, ging es gleich an deren Einbau. Wie das gemacht wird, ist inzwischen allen Lesern bekannt, sodass ich hier kein Wort darüber verlieren muss. Als Antriebsmotoren habe ich zwei *Power 700/13T* von *robbe* eingebaut und den Fahrtregler *Navy Control 570*, ebenfalls von *robbe*. Auf eine Rückwärtsfahrmöglichkeit wurde verzichtet, was den Umbau erleichterte. Der Einbau der *Power*-Motoren von *robbe* hatte einen besonderen Grund.

Wave Explorer im Originalzustand.

Technische Daten des ***Power 700/13 T***:
Betriebsspannung: 4,8 bis 14,4 Volt
Nennspannung: 9,6 Volt
Leerlaufwerte bei Nennspannung:
2 A bei 15.500 U/min.

Wichtig war mir bei diesem Boot, dass ich mit zwei Fahrakkus mit je acht Zellen auskam und ich auf eine Wasserkühlung der Motoren verzichten konnte, da die Motoren mit einem Kühlgebläse ausgerüstet sind. Nach ähnlichen Gesichtspunkten suchte ich den Fahrtregler aus und kam auf den *Navy Control 570* von *robbe*, der zwar mit einer Wasserkühlung ausgerüstet ist, die jedoch nicht in allen Fällen benötigt wird und zwar dann nicht, wenn die Dauerbelastung unter 45 Ampere bleibt, was bei meinem Boot der Fall ist. Dieser Regler kann mit Wasserkühlung einer Dauerbelastung von 75 Ampere standhalten.

Als Fahrakkus sind, wie gesagt, zwei achtzellige Akkupacks mit einer Kapazität von 3.700 mAh vorgesehen. Diese Akkupacks werden parallel geschaltet, sodass die Fahrspannung 9,6 Volt beträgt bei einer Kapazität von 7,4 A/h. Benutzt wird eine einfache 2-Kanal-Fernsteueranlage.

Nach dem Wiedereinbau der RC-Anlage und des Ruderservos war der Umbau bereits fertig. Die beiden Fahrakkus lagern mittschiffs vor den beiden Jet-Antrieben. Empfänger und Fahrtregler sind auf einer ABS-Platte etwas erhöht vom Boden aufgebaut. Als neues Ruderblatt dient eine 3 mm starke ABS-Platte mit den Abmessungen 80×70 mm, die an der alten Ruderhalterung festgeschraubt wurde.

Nachdem die Verkabelung vom Fahrtregler zu den Motoren fertig war, ging es zum obligatorischen Badewannentest. Hier wurde die richtige Lage der beiden Fahrakkus festgelegt, sodass der Rumpf gerade im Wasser lag. Sie lagern zwischen Holzleisten und sind leicht herauszunehmen. Damit sie während der Fahrt nicht verrutschen, habe ich die Akkus zusätz-

Einarbeiten der Tunnel- und Düsenöffnungen in den Rumpf.

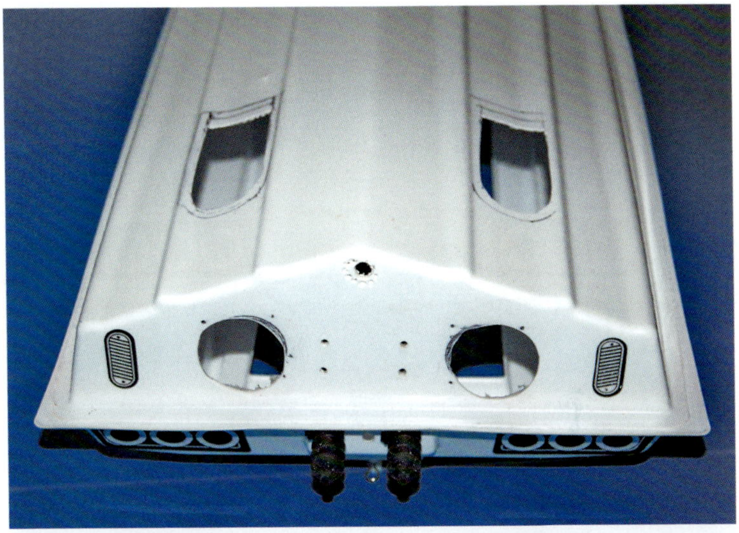

Einbau der beiden Kehrer-28-mm-Jet-Antriebe.

Ansicht der eingebauten Jet-Antriebe von unten gesehen.

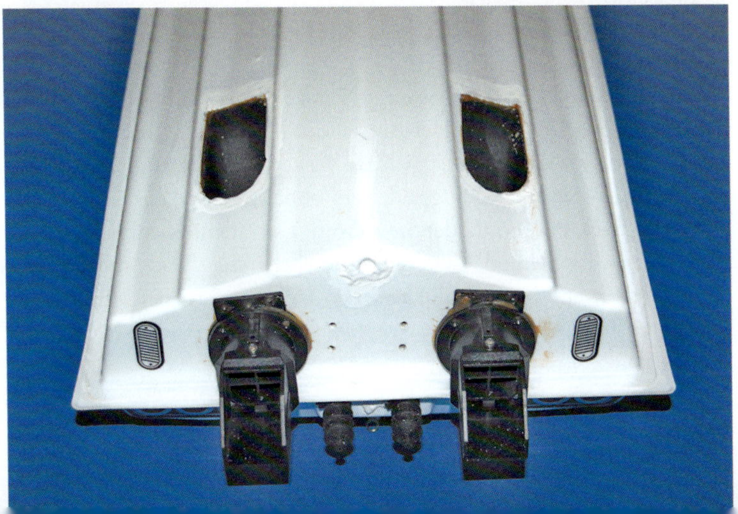

Heckansicht mit dem neuen Ruderblatt zwischen den Jet-Antrieben.

Der neue Antrieb, Ansicht von unterhalb des Rumpfes.

lich am Boden mit Klettband befestigt. Danach ging es zum See. Die auf zwei Jet-Antriebe umgebaute *Wave Explorer* verhielt sich im Wasser ausgezeichnet. Sie lag stabil, gerade und ohne Krängung nach Backbord oder Steuerbord. Es stand also nichts mehr im Wage, den Fahrhebel des Senders nach oben zu schieben. Die Motoren heulten auf und die *Wave Explorer* war fast im gleichen Augenblick kaum noch zu sehen. Sofort ging ich mit der Geschwindigkeit herunter und musste erst die Eigenarten des Modells beim Fahren kennenlernen. Nun kam der Augenblick, um die Lenkung auszuprobieren. Dazu muss ich sagen, dass es problemlos geht, aber bitte mit der Geschwindigkeit heruntergehen. Bei voller Fahrt ist das Boot zwar

Einbau der RC-Anlage.

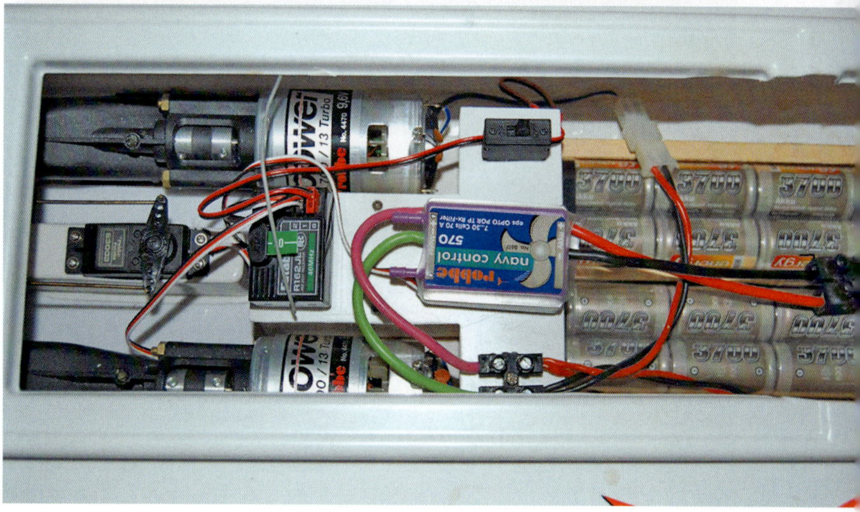

Einlegen der Fahrakkus mittschiffs.

zu lenken, aber nur wenn man genügend Platz im Modellbootteich zur Verfügung hat, da der Fahrradius sehr groß ist. Bei langsamer Fahrt jedoch ist eine Lenkung einwandfrei möglich. Bei voller Fahrt drückt der Wasserstrahl der Düse das nach rechts oder links eingeschlagene Ruderblatt etwas weg und damit wird der Fahrradius wesentlich größer. Der Versuch ist jedenfalls gelungen und kann zur Nachahmung empfohlen werden. Da die Motoren für Betrieb mit 14 Zellen ausgelegt sind und im Boot Platz genug ist, können auch zwei zehnzellige Fahrakkus eingesetzt und parallel geschaltet werden, was die Fahrgeschwindigkeit nochmals erhöhen würde. Allerdings müsste in diesem Fall der Fahrtregler gekühlt werden. Ein zum Bug hin

Das Jet-Modell Wave Explorer in Fahrt.

Das Jet-Boot nimmt Fahrt auf.

in den Boden eingebautes Messingrohr dient in diesem Fall als Kühlwassereinlassrohr. Von dort führt ein Kunststoffschlauch zum Eingang des Fahrtreglers. An das Auslassrohr wird ebenfalls ein Kunststoffschlauch angebracht, der zu einem in der Bordwand eingebauten Auslassrohr aus Messing führt. Es gibt noch eine weitere Möglichkeit die Geschwindigkeit nochmals zu steigern und zwar durch die Verwendung eines der neuen LiPo-Akkus der Firma *Kokam*. Versuchsweise habe ich den LiPo 5.000 mAh 30C 11,1 Volt 3S-1P in mein Modell eingebaut. Der Vorteil gegenüber den beiden eingebauten und oben erwähnten NiMH-Akkupacks ist, dass dieser Akku viel leichter ist als die beiden NiMH-Akkus und eine Fahrspannung von 11,1 Volt liefert, bei einer Kapazität von 5 Ah. Er konnte damit die beiden schwereren Fahrakkus ersetzen und das Boot selbst leichter machen. Ich habe diesen LiPo-Akku quer vor die beiden Jet-Antriebe eingebaut, sodass das Mittelschiff gewichtsmäßig entlastet ist und der Bug bei Gleitfahrt noch mehr aus dem Wasser kommt. Zusammenfassend kann gesagt werden, dass sich der Umbau gelohnt hat. Wer also noch eine *Wave Explorer* oder ein anderes ähnliches Modell zu Hause liegen hat, dem empfehle ich einen Umbau zu wagen. Er wird mit einem tollen Fahrbild und einer etwa doppel so hohen Geschwindigkeit belohnt. Der Versuch mit dem herkömmlichen Ruderblatt war es wert, und bot sich bei diesem Modell wegen der Unterbringung von zwei Jet-Antrieben geradezu an. Nachdem die beiden Fahrakkus durch den LiPo-Fahrakku mit der höheren Spannung ersetzt wurde, erhöhte sich die Geschwindigkeit abermals. Beim Gleiten kam der Bug noch weiter aus dem Wasser heraus und der Wasserausstoß der beiden Düsen nahm enorm zu. Man hat die Möglichkeit mit verschiedenen Akkuvarianten zu experimentieren.

Technische Daten des Modells
***Wave Explorer-Jet*:**
Länge: 930 mm
Breite: 260 mm
Höhe: 180 mm
Verdrängung: 3,0 kg

Blick auf die beiden Jet-Antriebe während der Fahrt.

Das Jet-Boot kommt in´s Gleiten.

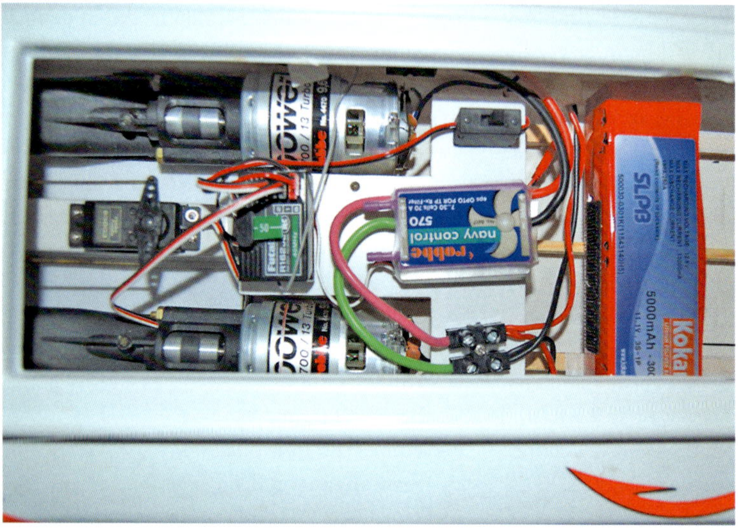

Einbau des LiPo-Akkus quer im Bootskörper.

◀ Blick auf den Jet-Antrieb mit dem LiPo Fahrakku. Man sieht ganz deutlich, dass der Schub größer geworden ist.

Beim Gleiten kommt der Bug mit dem LiPo Akku noch höher aus dem Wasser. ▼

Das Boot mit dem LiPo-Akku in rasanter Fahrt.

6.6. Rennkatamaran *Powerkat-Jet*

Zum Abschluss der Umbaumodelle möchte ich noch auf ein besonderes Modell der Firma *Graupner* eingehen. Es handelt sich um einen Rennkatamaran, den ich einige Zeit gefahren habe. Seine Geschwindigkeit war nicht besonders hoch und sein langes Schwertruder störte mich beim Transport, da das Modell auf einem speziell hohen Bootsständer lagerte, der sehr störte. Da das Boot selbst jedoch durch seine flache Bauweise rasant aussieht, kam ich eines Tages auf die Idee es auf Jet-Antrieb umzubauen. Ich versprach mir vom Umbau eine wesentlich höhere Geschwindigkeit und gleichzeitig reizte es mich auch, einmal einen Katamaran auf Jet-Antrieb umzubauen.

Zunächst musste jedoch geprüft werden, ob ein 28-mm-*Kehrer*-Jet sich überhaupt wegen der besonders flachen Bauweise einbauen ließ. Ich nahm die Maße ab und stellte fest, dass es gehen müsste. Sofort bestellte ich bei der Firma *Kehrer* den Jet-Antrieb mit einem KMB-Johnson 700, 12 V BB Neodym-Motor und die Arbeit konnte beginnen. Doch vorher einige Informationen über die Originalboote der Klasse 1:

Offshore Rennkatamarane der Klasse 1 sind Boote mit einer Länge von 12 bis 14 Metern. Sie erreichen eine Spitzengeschwindigkeit von 250 km/h und mehr. Für diese Bootsklasse gibt es eine Hubraumbegrenzung von 8,2 Litern. Sie entwickeln damit eine Leistung von 750 bis 950 PS. Seit Saisonbeginn 2003 kommen ausschließlich V12-Benzinmotore der Firma *Lamborghini* zum Einsatz. Die Besatzung eines Bootes der Klasse 1 besteht aus dem Fahrer und dem so genannten Throttleman. Ähnlich der Formel-1-Szene werden jedes Jahr rund um den Erdball verschiedene Rennen ausgetragen.

Das hier beschriebene *Graupner*-Modell *Powerkat* entstand in Anlehnung an die berühm-

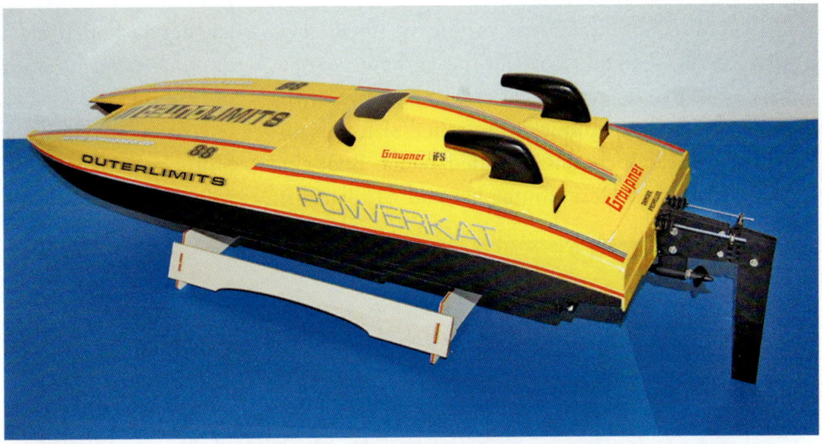

Das Graupner Originalmodell Rennkatamaran Powerkat vor dem Umbau.

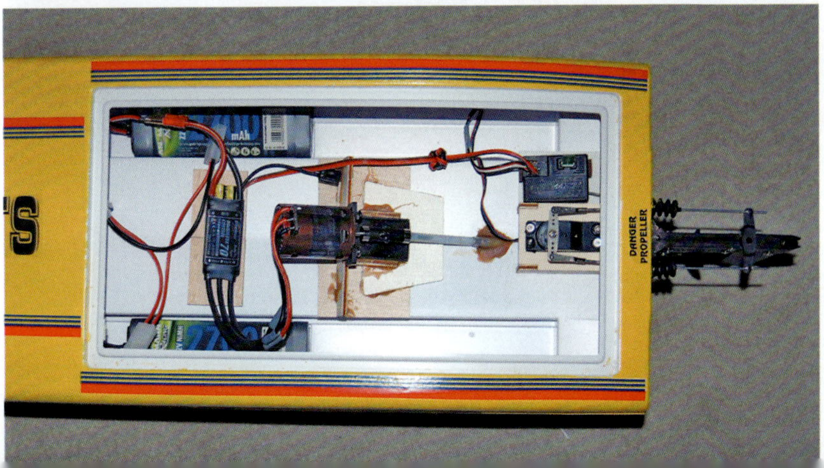

So sah es in der Powerkat vor dem Ausbau der Originalteile aus.

ten Class-1-Powerboote. Bei der Konstruktion wurde besonders auf einfache Bauweise und hohe Festigkeit geachtet. Zunächst wurden alle Einbauten wie Motor, Fahrtregler und RC-Anlage ausgebaut. Das Rohr für die biegsame Welle wurde ausgebohrt, sodass das Jet-Gehäuse eingepasst werden konnte. Mit einem Bleistift wurden die Umrisse des Jetgehäuses am Bootsboden und die Düsenöffnung im Heck eingezeichnet. Da der Heckspiegel aus einem in den Rumpf eingeklebten Sperrholzspant besteht, war die Ausarbeitung des Loches etwas schwieriger als sonst, wenn nur durch ABS gebohrt werden musste. Tunnelöffnung und Düsenöffnung wurden nach der bekannten Methode ausgebohrt, ausgeschnitten und nachher begradigt. Da das Heck mit einem Sperrholzspant verstärkt war, ging ich beim Bohren der Löcher so vor: Zunächst wie immer mit einem 1-mm-Bohrer Loch neben Loch gebohrt, dann diese Löcher mit einem 2,5-mm-Bohrer aufgebohrt. Auf diese Weise konnte die Abfallscheibe des Düsenloches sehr gut entfernt werden. Die Bearbeitung machte allerdings etwas mehr Arbeit. Die Tunnelöffnung ließ sich wie üblich sehr leicht ausschneiden, da das Boot eine sehr große Decköffnung hat und sehr flach ist. Die Löcher konnten daher von innen (oben) nach außen gebohrt werden, also umgekehrt wie sonst üblich von außen nach innen (unten). Der Rumpf musste nicht kopfüber auf den Arbeitstisch gelegt werden.

Beim Einbau des Jet-Gehäuses bin ich hier einen anderen Weg gegangen. Ich sagte ja eingangs, dass es besser sei, den Motor bereits vor dem Einkleben des Jet-Gehäuses anzubringen. Das ist in allen anderen Fällen richtig gewesen. Hier bei der *Powerkat*, da die Decköffnung so groß ist, kommt man auch später, wenn das Jet-Gehäuse eingeklebt ist, sehr gut überall heran, sodass es kein Problem gibt, den Motor erst danach anzuschrauben. Beim Klebevorgang kann man so in alle Ecken sehen, um den Klebstoff überall gut hinbringen zu können. Das hat einen großen Vorteil, denn man kann den Badewannentest bereits machen, wenn der Motor noch nicht angeschraubt ist. Sollte trotzdem irgendwo noch Wasser eindringen, ist diese Stelle leichter zu finden und abzudichten. Während des Klebevorgangs sind auch alle Löcher zu verkleben, die vom Ausbau der alten Teile herrühren. Denn an dieser Stelle, wo jetzt die Düsenöffnung des Jet-Gehäuses aus dem Heck ragt, befand sich vorher das Schwertruder mit seiner

Alle Teile der alten Anlage wurden ausgebaut und das Jet-Gehäuse wurde eingebaut.

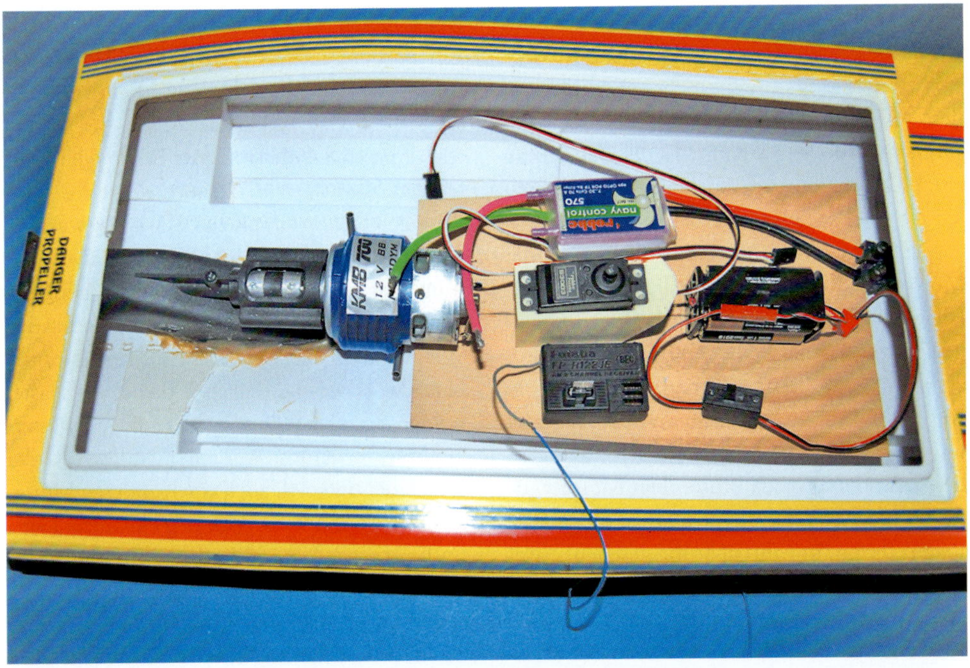

Stellprobe der neuen RC-Anlage. Man überlegt, wo die einzelnen Komponenten zu liegen kommen sollen.

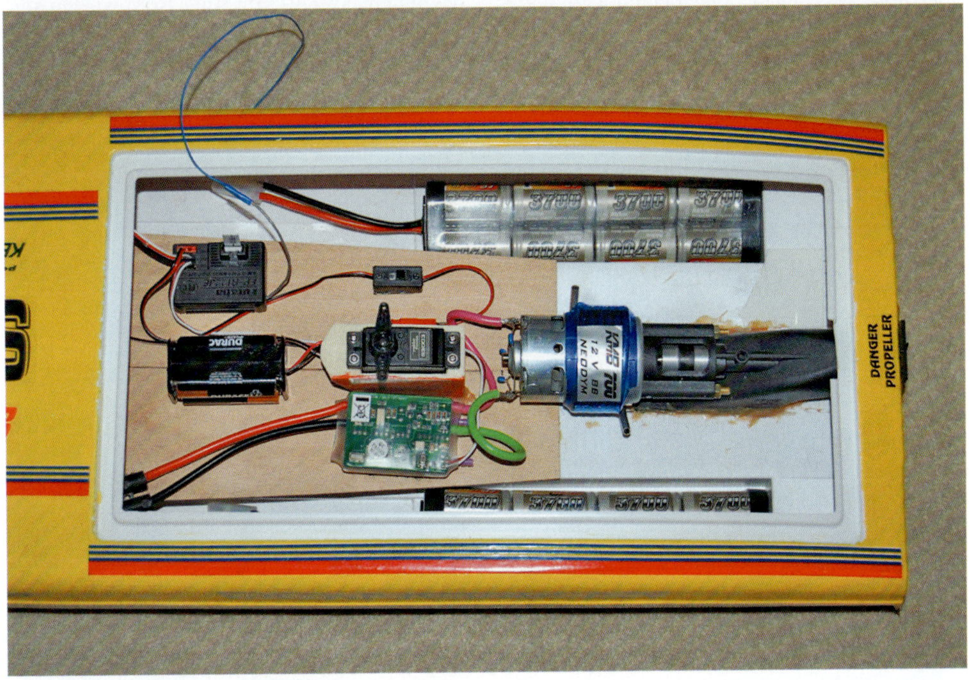

Der endgültige Einbau der RC-Anlage.

großen Halterung und seinen Befestigungslöchern. Besonders diese Löcher sind mit Klebstoff zu füllen, da sie nicht mehr gebraucht werden. Auf die etwa 1 mm nach hinten herausragende Düse des Jet-Gehäuses ist der Flanschring aufzuschieben und anzukleben. Alle Klebestellen mehrere Stunden austrocknen lassen.

Ist das Jet-Gehäuse eingeklebt, wird der Motor mit den beiden mitgelieferten 50 mm langen Messingschrauben am Jet-Gehäuse angeschraubt. Vorher nicht vergessen, den Motor zu entstören. Dann kann man sich überlegen, wie die RC-Anlage am besten im Boot aufgeteilt und eingebaut wird. Meine Lösung sah folgendermaßen aus: Gleich hinter dem Motor wurde das Lenkservo für die Steuerdüse aufgebaut. Rechts davon, in Fahrtrichtung gesehen, etwas zum Bug hin, befindet sich der Empfänger, links neben dem Servo der Fahrtregler und gleich rechts neben dem Stellservo wurde die Empfängerstromversorgung auf der Grundplatte aus Sperrholz angebracht. Die beiden Fahrakkus liegen in den für sie vorgesehenen Einbuchtungen links und rechts neben dem Jet-Antrieb. Als Fahrakkus verwende ich zwei in Reihe geschaltete siebenzellige Akkupacks, sodass der Jet-Antrieb mit 16,8 Volt läuft. Als Fahrtregler habe ich den *Navy Control 570* von *robbe* eingesetzt, der einen Strom von bis zu 70 Ampere verträgt. Dieser Regler ist mit einer Wasserkühlvorrichtung ausgerüstet. An den beiden Rohrstutzen lassen sich Kunststoffschlauchleitungen für den Wassereinlass und den Wasserauslass anschließen. Da Motor und Regler nicht voll ausgelastet werden, habe ich jedoch vorerst auf eine Wasserkühlung verzichtet. Wer einen anderen Regler verwendet und evtl. auch einen anderen Motor, kann leicht eine Wasserkühlung einbauen. Dazu sind nur zwei 4-mm-Messingrohre mit einem Innendurchmesser von 3 mm erforderlich. Das eine etwa 60 mm lange Rohr wird in der Mitte des Bootsbodens mit Einlass nach vorne zum Bug eingeklebt und dient als Einlassrohr und das andere etwa 40 mm lange Rohr wird in eine

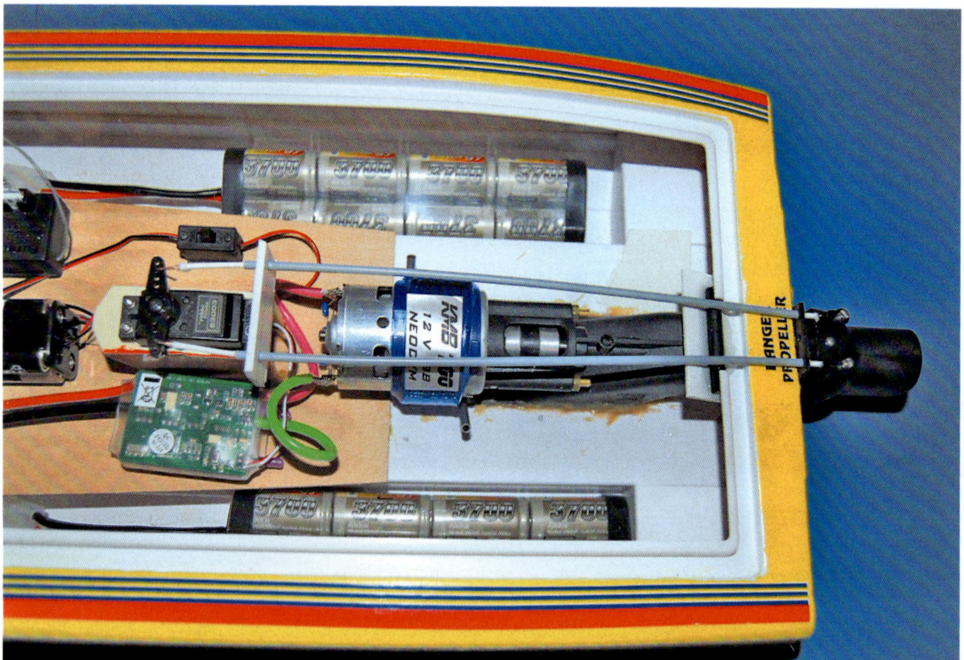

Die Bowdenzüge zur Steuerdüse werden angebracht.

Das fertig umgebaute Modell Powerkat.

Ansicht der Powerkat seitlich von achtern.

der beiden Bordwände über der Wasserlinie eingeklebt, es dient als Auslassrohr.

Nachdem die RC-Anlage eingebaut war, wurde der Stator in die Düse eingeklebt und die Düse mit den vier Senkkopfschrauben am Flanschring angeschraubt. Auf der Düse selbst ist das Steuerteil mit zwei Schrauben zu befestigen. Die Schrauben nicht zu fest anziehen, da sich das Steuerteil nach rechts und links schwenken lassen muss. Jetzt sind noch die Bowdenzüge anzubringen. Um ihnen mehr Halt zu geben, habe ich auf dem Servogehäuse aus einer 3 mm starken ABS-Platte eine Stütze aufgeklebt und mit zwei Löchern versehen, durch die die grauen Kunststoffrohre geschoben und mit der Stütze verklebt werden. Wegen der flachen Bauweise der *Powerkat* musste aus dem Süllrand, dort wo die Bowdenzüge vom Steuerteil in das Bootsinnere führen, ein kleiner Ausschnitt eingebracht werden. Auch im abnehmbaren Cockpit musste ein solcher kleiner Ausschnitt eingeschnitten werden, damit das Cockpit richtig in den Süllrand einrastet. Abgedichtet wird mit Moosgummi.

Damit ist der Umbau des Rennkatamarans *Powerkat* zum Rennkatamaran-Jet fertig und es muss noch die Antenne angebracht werden. Gleich neben dem Empfänger habe ich eine 3-mm-Bohrung in den Rumpf gebohrt und ein Plastikröhrchen eingeklebt. Von innen wurde dann die Antennenlitze durch das Rohr nach oben geschoben. Wegen der flachen Bauweise das Bootes entschloss ich mich für eine Außenantenne, da eine innen verlegte Antenne wegen der besonders flachen Bauweise des Modells zu nah am Wasser liegen würde und die Reichweite dadurch wesentlich geringer wäre.

Nun war ich gespannt, wie sich die *Powerkat* im Wasser verhalten würde. Am Modellbootteich angekommen, setzte ich das Boot ins Wasser. Sender und Empfänger wurden eingeschaltet. Nachdem ich den Fahrhebel langsam nach oben schob, fuhr das Boot zwar los, jedoch nicht mit der erwarteten Geschwindigkeit, die ich von allen anderen Jet-Modellen gewohnt war. Doch ich erkannte sofort den Grund. Aus der Düse kam Wasser mit Luft gemischt, was eindeutig zeigte, dass das Heck zu hoch im Wasser lag.

◀ Auch hier sieht man deutlich, dass sich das Heck während der Fahrt aus dem Wasser hebt.

Der erste Fahrversuch. Das Heck liegt zu hoch im Wasser. Es kommt kein richtiger Schub zustande.

Mit Ballast im Heck, macht die Powerkat einen Raketenstart.

Nach dem Start gleitet die Powerkat weiter.

Also musste das Heck mit Ballast beschwert werden. Vier ausgediente Akkuzellen genügten, das Heck soweit herunter zu drücken, dass die *Powerkat* wie eine Rakete davonschoss. Aber auch die Verlegung der beiden Fahrakkus ganz nach hinten, brachte den gleichen Erfolg. Die Manövrierfähigkeit ist ausgezeichnet, die *Powerkat* reagiert sofort auf alle Fahrkommandos. Das Fahrbild ist entsprechend gut und kann sich sehen lassen. Beim Start hebt der Katamaran seinen Bug aus dem Wasser und rast davon. Der Umbau war ein voller Erfolg.

Abmessungen des Modells
Rennkatamaran ***Powerkat-Jet***:
Länge: 895 mm
Breite: 240 mm
Höhe: 160 mm
Verdrängung: 2,5 kg

6.7. Bilder einiger weiteren *Kehrer*-Jet-Modelle

Auf den folgenden Bildern werden einige *Kehrer*-Jet-Modelle vorgestellt, die aus *Kehrer*-Materialsätzen aufgebaut werden können.

Feuerlöschboot ***Firebird*** im Maßstab 1:10
Für lagunenartige Flachwasserbereiche von Flughafenrandzonen sind diese Feuerwehrboote geeignet. In Rettungsinseln können insgesamt

Feuerlöschboot Firebird im Maßstab 1:10.

Das Feuerlöschboot ist mit zwei Kehrer-Jets ausgerüstet.

180 Personen aufgenommen werden. Enorme Manövrierfähigkeit und verletzungsfreier Antrieb sind besondere Merkmale dieses Lösch- und Rettungsbootes.

Abmessungen:
Länge: 950 mm
Breite: 350 mm
Höhe: 180 mm
Verdrängung: 1,9 kg

Polizei- und Küstenwachboot Polis im Maßstab 1:15.

Die Polis wird von zwei Kehrer-Jets angetrieben.

Griechisches/Schwedisches Polizei- und Küstenwachboot ***Polis*** im Maßstab 1:15.

Abmessungen:
Länge: 1.000 mm
Breite: 250 mm
Höhe: 250 mm
Verdrängung: 2 kg

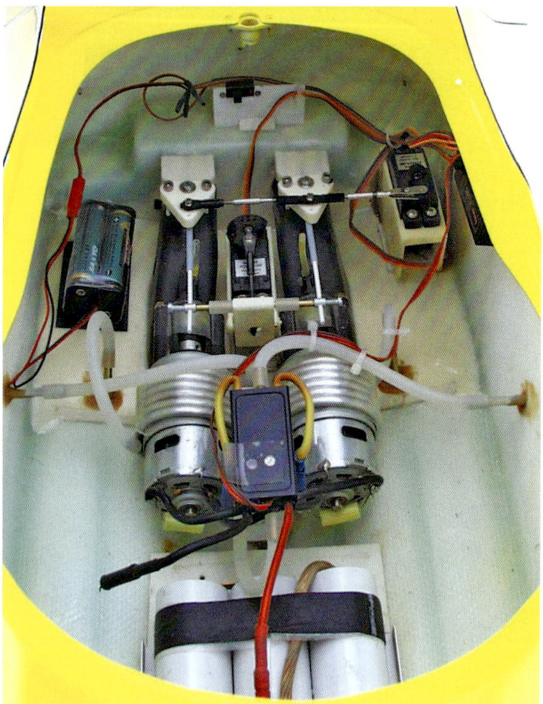

▲ Motoryacht Mangusta im Maßstab 1:20.

◀ Blick in den Maschinenraum der Mangusta.

Motoryacht ***Mangusta*** im Maßstab 1:20
Das Modell ist ein vorbildähnlicher Nachbau der *Mangusta 62* der französischen SNP-Werft.

Abmessungen:
Länge: 960 mm
Breite: 270 mm
Höhe: 285 mm
Verdrängung: 1,4 kg

Atlantik-Rekord-Boot Gentry Eagle.

Die Gentry Eagle in einer anderen Aufmachung.

Atlantik-Rekord-Boot ***Gentry Eagle*** in den Maßstäben 1:20 und 1:30

Abmessungen im Maßstab 1:20:
Länge: 1.600 mm
Breite: 400 mm
Verdrängung: 3,2 kg

Abmessungen im Maßstab 1:30:
Länge: 1.100 mm
Breite: 270 mm
Verdrängung: 1,25 kg

▼ Rettungsschlauchboot LRB.

▲ Eine andere Version des Rettungsschlauchbootes.

▼ Jet-Sprint-Boot mit eckigem Cockpit.

Rettungsschlauchboot
LRB im Maßstab 1:15

Abmessungen:
Länge: 1.040 mm
Breite: 350 mm

Jet-Sprint-Boot

Abmessungen:
Länge: 660 mm
Breite: 240 mm
Verdrängung: 0,7 kg

7. Multi Jet-Boat

Ende des Jahres 2011 wurde das *Multi Jet-Boat* von *Graupner* (Bestellnummer: 2155) ausgeliefert. Als Vorbild für die Entwicklung diente ein schwedisches Lotsenboot, welches auch als Seenotrettungsboot eingesetzt wird. Das Modell ist im Maßstab 1:25 konzipiert.

Wie man dem Bauplan entnehmen kann, entstand die Bausatzentwicklung nach modernsten Konstruktionsmethoden auf einem 3D-CAD-System. Der Rumpf, das Deck und die Aufbauten bestehen aus tiefgezogenem ABS und sind CNC-bearbeitet. Viele weitere Aufbau-, Decks- und Relingsteile bestehen aus gelasertem ABS. Ein Beschlagsatz ist im Baukasten enthalten, bestehend aus Spritzgussteilen für den Mast, die Antennen, Lampen, Poller, Rettungsringe und den Anker. Die Relingsteile sind aus 2-mm-ABS fertig ausgelasert und müssen nicht aufwändig aus Drähten gelötet werden. Die Fenster werden als Dekor dargestellt. Es besteht auch die Möglichkeit die Fenster transparent auszuführen. Zwei Pläne zeigen

Der Baukasteninhalt.

das Modell im Maßstab 1:1. Hiernach sollte zugearbeitet werden, da die Zeichnungen in der Bauanleitung sehr schlecht im Druck herauskommen und viel zu klein sind.

Zwei Mini-Jet-Antriebe sind im Bausatz enthalten, dagegen müssen die beiden Elektromotore und der Fahrtregler getrennt bezogen werden. Benötigt werden der Fahrtregler *Power* MOS 60 (Bestellnummer: 7176) und zwei Elektromotoren *Speed 600 Race* 7,2 V (Bestellnummer: 6370). Zum Fernsteuern ist eine 3-Kanal-Anlage erforderlich. Sollen Sonderfunktionen wie Beleuchtung und Sirene eingebaut werden, wird eine Mehrkanalanlage benötigt. Begonnen wird mit dem Ausdrücken der Holzteile 1, 2 und 3 aus dem Sperrholzbrett. Diese Teile werden zu einem Bootsständer zusammengesteckt und miteinander verleimt.

Aus den Sperrholzteilen 21, 22 und 23 werden die beiden Servohalterungen zusammengeklebt. Die Servos können gleich eingeschraubt werden.

Wir bleiben bei der Sperrholztafel und drücken die Teile 33, 34 und 35 für den Innenrahmen des Rumpfes heraus und kleben diese Teile in den Rumpf ein.

Danach geht es zunächst mit dem Zusammenbau der Mini-Jet-Antriebe weiter, die als Bauset geliefert werden. Wie im Bild zu sehen, befindet sich die Umkehrklappe bei dem *Graupner*-Modell außerhalb der Düse. Grundbaustein ist das Ansaugrohr 1. Zum Motor hin wird das

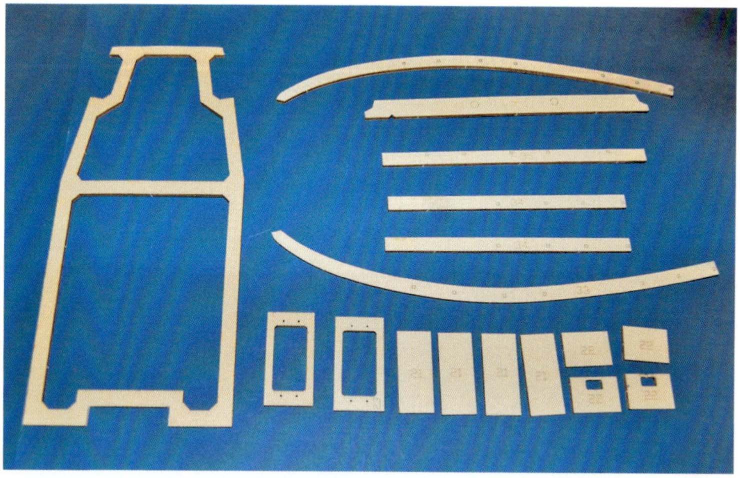

Ausgedrückte Sperrholzteile zur Rumpf- und Aufbauverstärkung sowie für die Servohalterungen.

Einbau der Rumpfverstäkerleisten in den Rumpf.

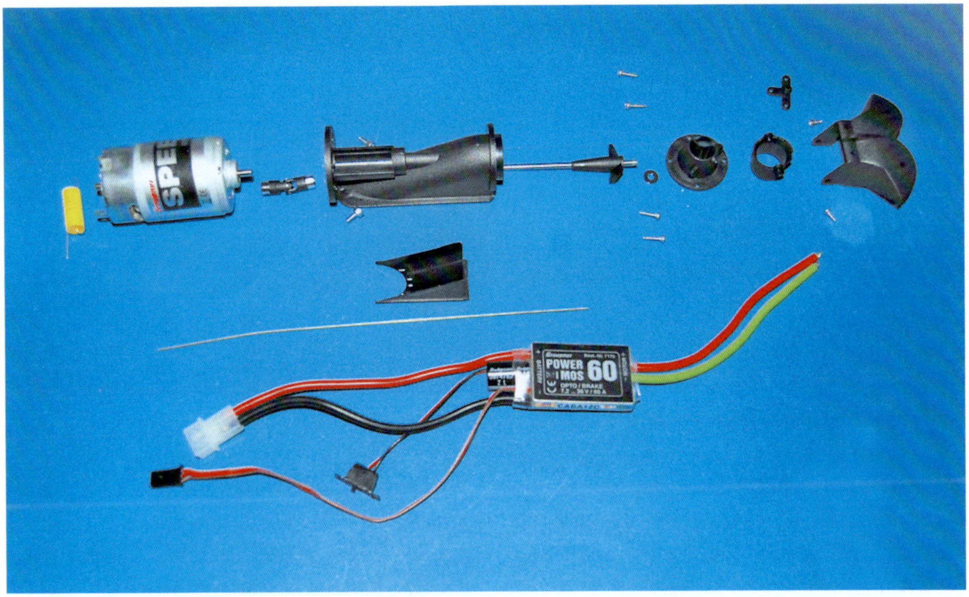

Bauteile des Mini-Jet-Antriebs, davor der Fahrtregler.

Ansaugrohr durch eine Gummidichtung 2 abgedichtet. Teil 3 bildet den Bodenabschluss mit den Gitterstäben Teile 4. Die Impellerwelle 5 wird von der Düsenseite in das Ansaugrohr geschoben. Dabei darauf achten, dass die Gummidichtung 2 nicht herausfällt. Die Verbindung Impellerwelle zur Motorwelle wird mit einer Gelenkkupplung 7 hergestellt. Der Motor ist mit zwei Schrauben am Flansch des Ansaugrohres anzuschrauben. Auf der Ausstoßseite wird die Impellerwelle in der Ausstoßdüse 9 gelagert. Zwischen Impellerwelle und Ausstoßdüse ist eine Druckscheibe 6 einzulegen. Zwischen Ansaugrohr 1 und Ausstoßdüse 9 befindet sich später beim Einbau in das Boot der Heckspiegel des Bootes. Die Ausstoßdüse wird mit vier Schrauben 10 daran befestigt. Die Steuerdüse lagert auf der Ausstoßdüse. Der Steuerarm 12 ist auf der Steuerdüse mit Sekundenkleber anzukleben. Die Umkehrklappe 13 wird mit zwei Schrauben 10 an der Ausstoßdüse befestigt.

Stückliste des Mini-Jets:

1. Ansaugrohr
2. Gummidichtung
3. Bodenabschluss
4. Schutzgitterstäbe
5. Impellerwelle
6. Druckscheibe
7. Gelenkkupplung
8. Gewindestifte für Kupplung
9. Ausstoßdüse
10. Blechschrauben
11. Steuerdüse
12. Steuerarm
13. Umkehrklappe

Leser, die einige KMB-28-mm-Jet-Antriebe zusammengebaut haben, müssen sich beim Zusammenbau der filigranen *Graupner*-Mini-Jet-Antriebe etwas umstellen und vorsichtiger zu Werke gehen, denn diese Teile sind kleiner und zerbrechlicher. Nachdem ich einen der beiden Mini-Jet-Antriebe zusammengebaut hatte und Spannung an den Motor legte, stellte ich fest, dass der Motor und das Ansaugrohr sehr heiß

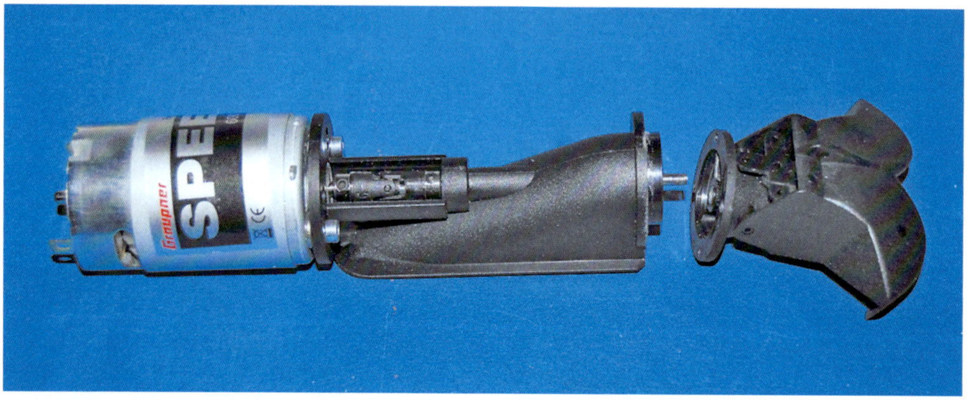

Der zusammengebaute Mini-Jet-Antrieb.

wurden. Wie sich leicht feststellen ließ, lag das daran, dass die Gelenkkupplung direkt an das Motorgehäuse anstieß. Sie war etwas zu lang. Abhilfe brachten zwei Unterlegscheiben, die ich zwischen Motor und Ansaugrohrflansch einbaute, sodass die Kupplung wieder frei laufen konnte. Also Vorsicht! Prüfen, ob die Kupplung frei laufen kann! Sonst ebenso verfahren. Auch den zweiten Mini-Jet genau so zusammenbauen und beide Mini-Jets erstmals beiseite legen.

Die im Bausatz liegenden tiefgezogenen ABS-Teile werden ausgeschnitten und deren Ränder und Klebeflächen plangeschliffen. Ebenso werden die beiden transparenten Brückenteile so behandelt und auch die noch verbliebenen gelaserten Holzteile sind aus dem Sperrholzbrett herauszudrücken und die Kanten planzuschleifen. Wenn alle Teile vor uns liegen, geht der Zusammenbau reibungsloser von der Hand. Die Holzteile 33 und 34 sind bereits in den Rumpf eingeklebt. Die Querleiste 35 erst einkleben, wenn die beiden Mini-Jet-Antriebe eingebaut sind, da sie beim Einkleben der Jet-Antriebe stören würde. Mit dem Einkleben der Querleiste 7 ebenfalls warten, bis die Jet-Antriebe eingebaut sind.

Den Verstärkungsrahmen 41 in den unteren Teil des Aufbaus einkleben. Den Wellenbrecher aus den Teilen 37 und 38 zusammenbauen und am Deck anpassen und ankleben. Die Rettungsinsel aus den beiden Teilen 85 zusammenkleben. Die Halterung für Rettungsinsel aus den Teilen 86, 87 und 88 zusammenbauen. Das Radargerät aus den Teilen 60 und 61 zusammenkleben.

Wir kommen zum Einbau der vorbereiteten Jet-Antriebe. Ein großer Vorteil ist es, dass die Öffnungen für den Ansaugtunnel am Bootsboden und die Düsenöffnung im Heck bereits vorhanden sind und nicht erst eingearbeitet werden müssen. Während die Ansaugöffnungen genau passten, musste ich die Düsenöffnungen etwas nach oben ausfeilen. Beim Einkleben darauf achten, dass der Flanschwulst des Ansaugrohres von innen nicht ganz durch das Heck nach außen gestoßen wird. Der Ansatzwulst ist lediglich soweit durchzuschieben, dass er etwa 1 mm nach außen herausragt. Daran wird die Ausstoßdüse befestigt, wenn das Ansaugrohr eingeklebt ist. Zum Einkleben wird Stabilit Express verwendet.

Laut Bauanleitung soll die Ausstoßdüse mit vier Schrauben am Heck befestigt werden. Ich habe die Ansaugdüse ebenfalls mit Stabilit Express angeklebt. Man erspart sich das Vorbohren der Befestigungslöcher. Eine geklebte Düse hält genauso gut wie eine angeschraubte. Der Steuerarm ist an der Steuerdüse mit Sekundenkleber anzukleben. Anschließend wird die Steuerdüse an der Ausstoßdüse eingerastet. Sie muss

ABS-Bauteile ausschneiden und bearbeiten: Seitenkästen, Luke, Aufbaudach, Rettungsinsel, Radargerät und Wellenbrecher.

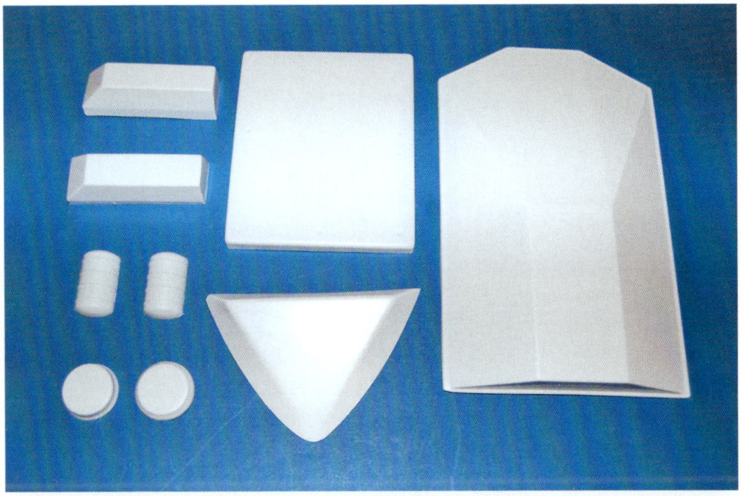

Die beiden transparenten Aufbautenteile für den Unter- und Oberbau.

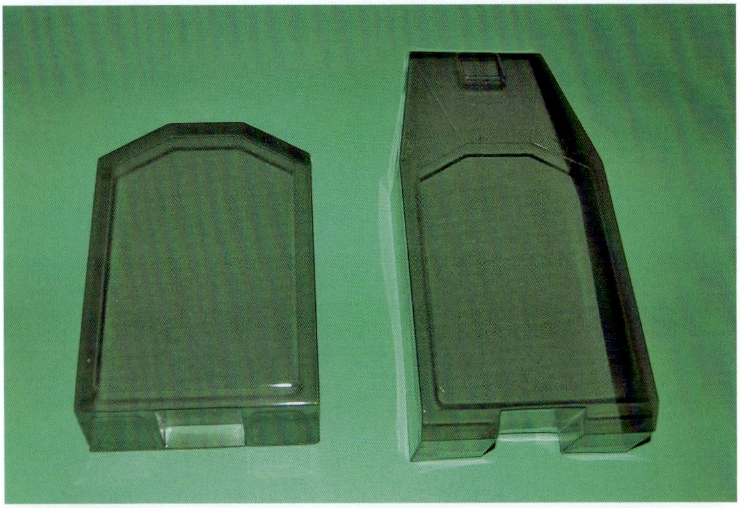

Einbau des Verstärkerrahmens in den Aufbau-Unterteil und Ankleben des Dachs auf dem Aufbau-Oberteil.

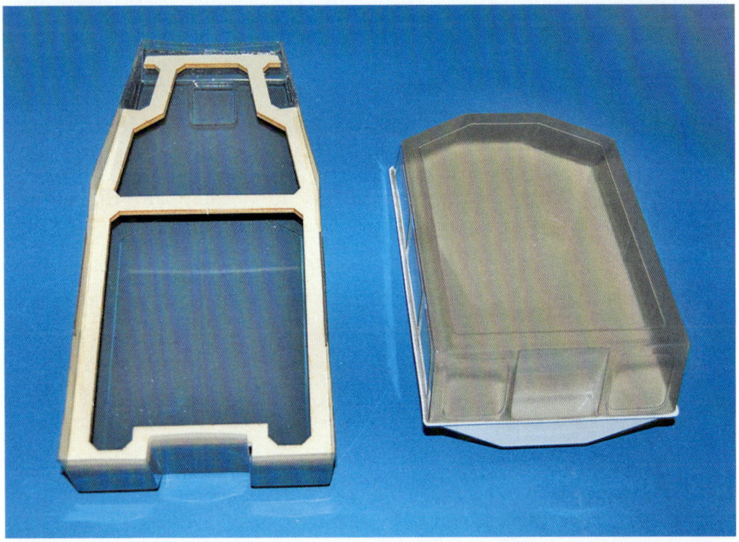

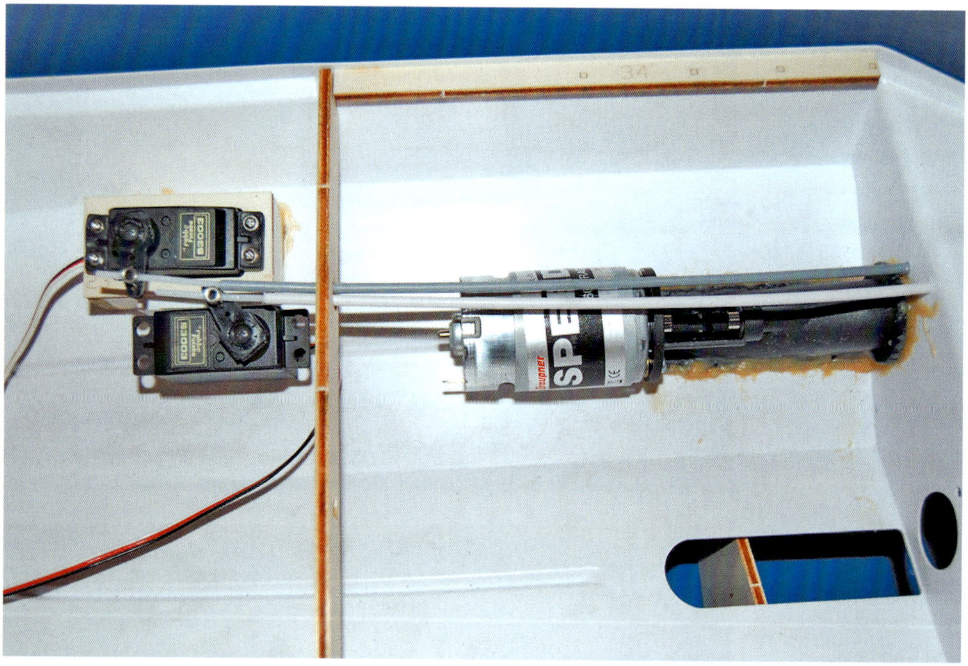

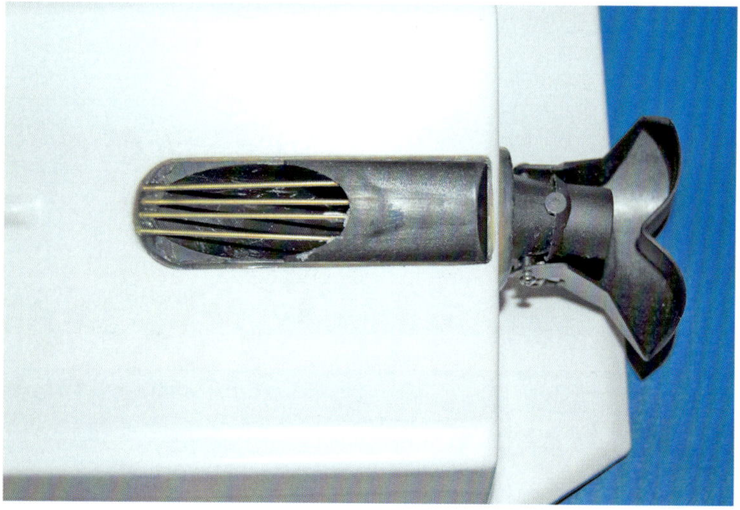

▲ **Einbau des rechten Mini-Jet-Antriebs und der Steuerservos mit den Bowdenzügen.**

◀ **Der eingebaute Mini-Jet-Antrieb von unten gesehen.**

sich leicht von links nach rechts bewegen lassen. Ganz zum Schluss wird die Umkehrklappe an der Ausstoßdüse mit zwei Schrauben befestigt.

Unterhalb der Ansaugöffnung ist jetzt nur noch der Bodenabschluss mit den Gitterstäben aus Messingdraht zu befestigen. Der Einbau des zweiten Mini-Jets erfolgt wie beschrieben.

Auch beim Einbau der Steuerservos und Bowdenzüge bin ich einen anderen Weg gegangen, als in der Bauanleitung beschrieben. Laut Bauanleitung sind zwei Servos vorgesehen, ein Servo für die Steuerung beider Steuerdüsen von links nach rechts und ein zweites für das Absenken beider Umkehrklappen für Rückwärtsfahrt. Da

▲ **Die beiden eingebauten Mini-Jet-Antriebe mit Steuereinheiten und Fahrtregler rechts neben dem Steuerbord-Mini-Jet-Antrieb.**

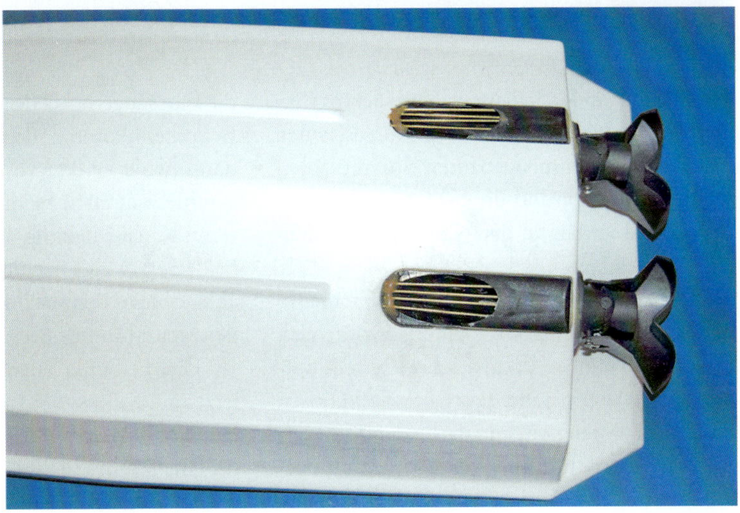

Blick auf die beiden Mini-Jet-Antriebe von unten. ▶

jedoch zwei Mini-Jets gesteuert werden müssen, ist für das Lenkservo eine Steuerstange einzubauen, damit auch der zweite Mini-Jet vom selben Servo gelenkt werden kann und auch bei der Rückfahrklappe wird der Bowdenzug auf beide Umkehrklappen aufgeteilt und von einem Servo aus gesteuert. Das kann man machen und spart zwei Servos, ist aber umständlich und für Einsteiger schwierig zu verstehen. Besser ist es, wenn man mit vier Servos arbeitet, sodass zwei Servos getrennt auf die Lenkung und zwei Servos getrennt auf das Absenken der Umkehrklappe arbeiten. Da die Servos etwa 5 € kosten, ist der Mehraufwand geringfügig, man erkauft sich

Zusammenbau der Steuerservos für beide Mini-Jet-Antriebe.

damit jedoch mehr Sicherheit. Zwei Servos werden wie angegeben, in die dafür vorgesehenen Halter aus zusammengebauten Sperrholzplatten eingeschraubt und die beiden zusätzlichen Servos sind jeweils an der Wand des Servohalters zu befestigen.

Das hat zur Folge, dass der Zwischenraum für die beiden Fahrakkus kleiner geworden ist. Daher kann nur ein Akkupack hochgestellt werden, der zweite parallel geschaltete Akkupack muss nach hinten zwischen die beiden Mini-Jet-Antriebe verlegt und ebenfalls hochkant hingestellt werden. Das Verlegen der Bowdenzüge zu den Steuerarmen und zu den Rückfahrklappen ist so einfacher und übersichtlicher.

Obwohl bei einem Lenkkommando oder einem Rückfahrkommando jeweils zwei Servos zusammen von einem Empfangskanal gesteuert werden müssen, ist kein zusätzlicher Fernsteuerkanal erforderlich. Benötigt werden lediglich zwei V-Kabel (Verteilerkabel), die zusätzlich in die Empfängerkabel der Servos gesteckt werden. Beim Lenkkommando durch Kanal 1 sprechen dann beide Lenkservos gleichzeitig an und so geschieht es auch beim Rückwärtskommando wenn Kanal 2 betätigt wird. Auch hier sprechen beide Servos gleichzeitig an. Bei der Fernsteueranlage bleibt demnach alles wie gehabt. Es werden weiterhin nur drei Kanäle benötigt.

Um die Funktionen testen zu können, wird jetzt zum Schluss der Empfänger mit der Empfängerstromversorgung eingebaut. Ich habe dafür eine 3 mm starke ABS-Platte zugeschnitten und im Bug eingeklebt. Sie dient als Grundplatte für den Empfänger, der mit Klettband darauf befestigt wird. Die Empfängerstecker der Kanäle 1, 2 und 3 werden in die entsprechenden Empfängerbuchsen eingesteckt. Danach ist ein Funktionstest durchzuführen. Sender einschalten, Empfänger einschalten. Wird der rechte Steuerknüppel von Kanal 1 nach rechts bewegt, müssen beide Lenkservos synchron nach

Einbau des Empfängers mit Empfängerstromversorgung auf einer ABS Platte.

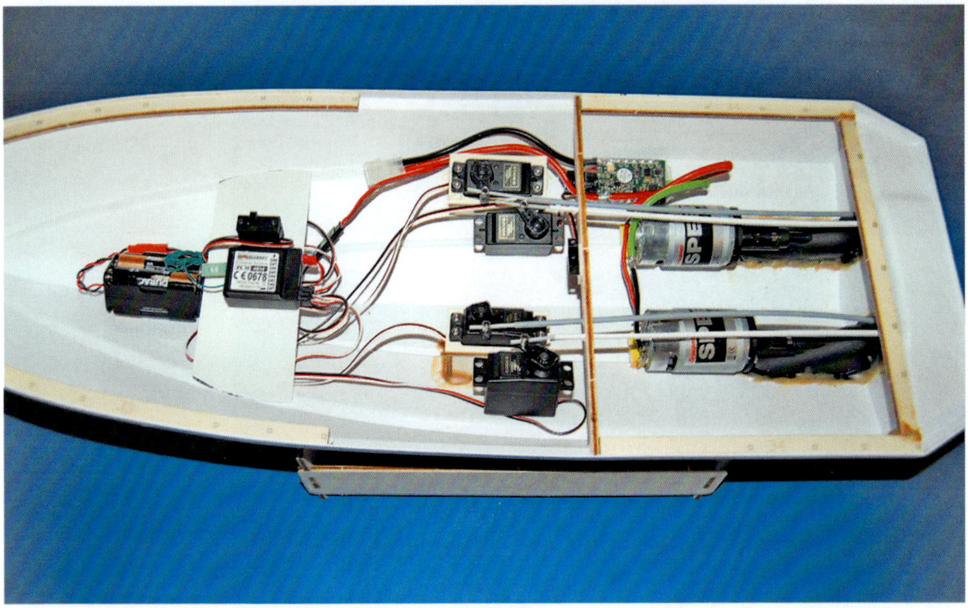

Die in den Rumpf eingebaute Antriebs- und RC Anlage.

Die Fensterrahmen aus ABS werden aus der Platte gedrückt, bearbeitet und schwarz lackiert.

Der fertige Aufbau, seitliche Ansicht.

Rückansicht des Aufbaus.

rechts ausschlagen. Sie müssen nach links ausschlagen, wenn der Steuerknüppel nach links bewegt wird. Wird der Steuerknüppel nach unten bewegt, müssen beide Rückfahrklappen synchron nach unten gelenkt werden, was der Rückwärtsfahrt entspricht.

Ist alles in Ordnung, werden die Motoren überprüft. Dazu wird der Fahrakku an den Fahrtregler angeschlossen und der Schalter vom Fahrtregler eingeschaltet. Der linke Steuerknüppel von Kanal 3 ist nach oben zu schieben und beide Motoren müssen synchron anlaufen. Diese Funktionstests sind während des Badewannentestes zu wiederholen. Beim Einschalten der Motoren muss nach hinten aus den Ausstoßdüsen ein Wasserschwall austreten und das Boot nach vorne bewegt werden. Diesen Versuch vorsichtig bei kleiner Drehzahl ausführen! Ist kein nach hinten austretender Wasserstrahl zu erkennen und das Boot bleibt ruhig im Wasser liegen, ist das ein Zeichen dafür, dass die beiden Motoren umgepolt werden müssen, dann ist alles in Ordnung. Man kann sich daran orientieren, dass die rote Leitung des Fahrtreglers

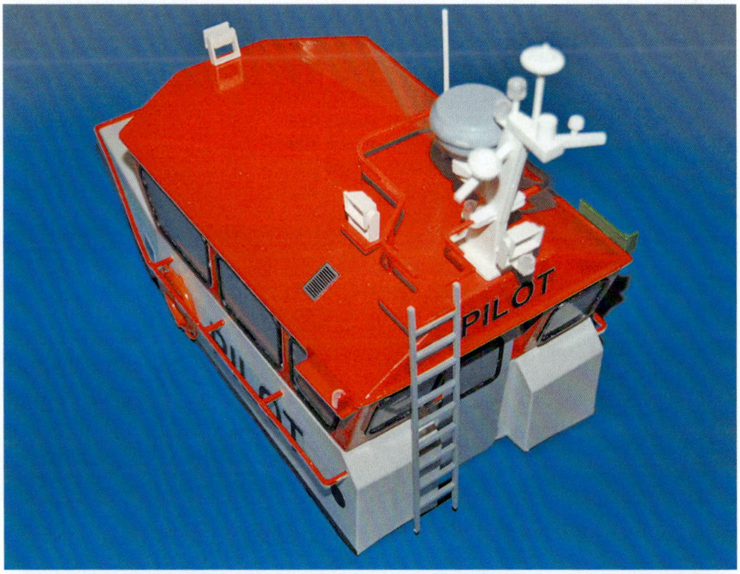

Aufbau des Mastes auf dem Dach des Aufbaus.

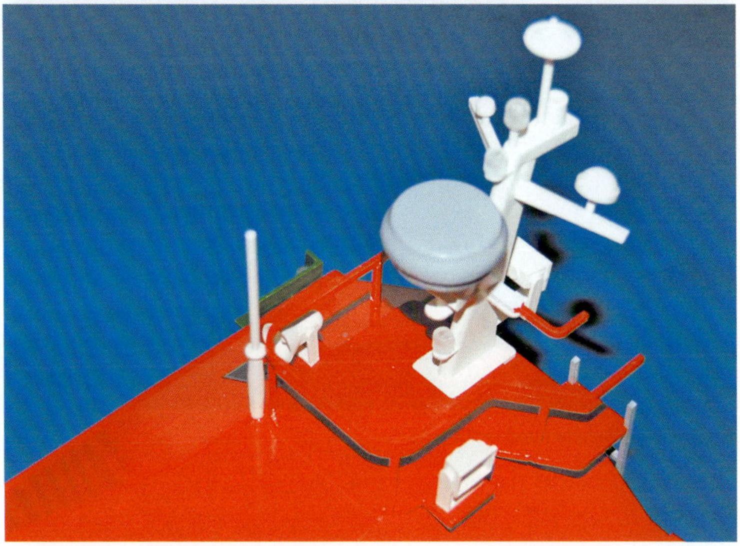

Mastaufbauten von vorne gesehen.

an den Pluspol anzuschließen ist. Hat man die Motoren so eingebaut, dass von oben die Schilder zu lesen sind, dann befindet sich der Pluspol links und der Minuspol rechts.

Danach geht es weiter mit den Vorbereitungen für den Aufbau Unterteil 39 und Oberteil 40 (Fensterteil). Beide Teile bestehen aus transparentem, tiefgezogenen Kunststoff. Die Teile haben wir ja bereits ausgeschnitten und passend geschliffen. Das Dach 42, bestehend aus ABS, wird auf dem Oberteil angepasst. Den Verstärkerrahmen für den Unterbau haben wir auch bereits in den Unterbau eingeklebt. Vor dem Zusammenbau von Unter- und Oberteil ist es jedoch ratsam, die Teile zu lackieren. Anschließend kann das Dach auf das Fensterteil geklebt werden. Die Fenster sind aus dem Dekorbogen auszuschneiden und anzubringen. Alle

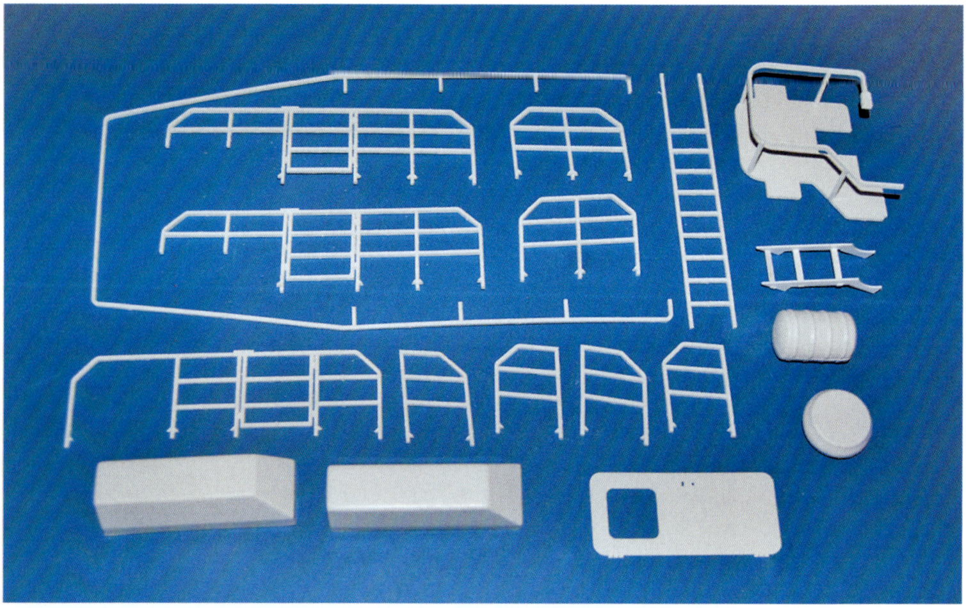

Die Relingteile werden aus der ABS Platte herausgedrückt, bearbeitet und lackiert.

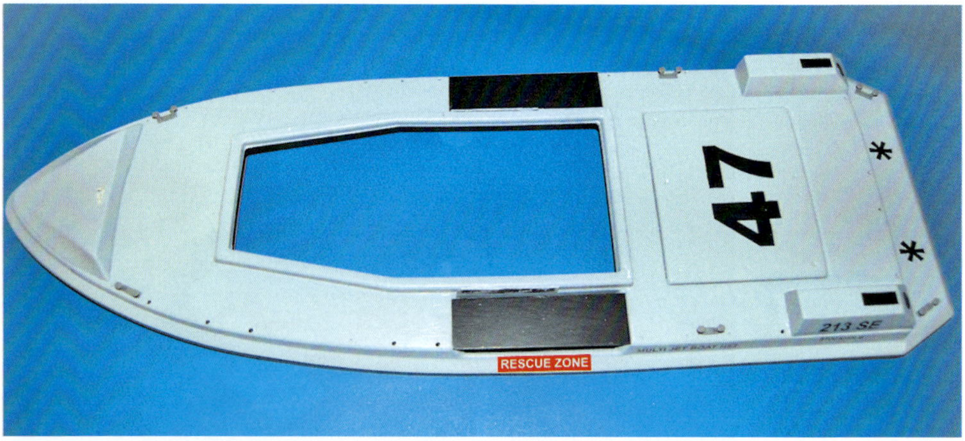

Das Deck fertigstellen und lackieren.

Fensterrahmen werden aus der ABS-Kunststoffplatte herausgedrückt, behandelt und schwarz lackiert. Nach dem Trocknen können sie über die Fenster geklebt werden. Ist dies geschehen, werden Ober- und Unterteil zusammengeklebt und die Dekors und Kleinteile an beiden Seitenwänden angebracht. Die Tür 46 wird an der Rückwand eingesetzt. Als letzte Arbeit am Aufbau wird der Handlauf 44 zunächst lackiert und rund um den Unterbau angebracht.

Im Beschlagsatz liegen die Teile für den Mast. Sie werden von dem Spritzling abgeschnitten und entsprechend dem Plan nach der Bauanleitung zusammengesetzt. Nach deren Fertigstellung ist der Mast mit den Kleinteilen, wie in der Bauanleitung beschrieben, auf dem Dach des Aufbaus anzubringen.

Den fertigen Aufbau stellen wir zunächst weg und nehmen uns das Deck vor. Die Kanten werden beschliffen. Versuchsweise wird das Deck auf den Rumpf aufgesetzt und es wird überprüft, ob sich der Wulst überall über das Deck stülpen lässt.

Die Reling besteht bei diesem Modell nicht aus Relingstützen und Messingdraht, sondern ist aus einer gelaserten Kunststoffplatte auszudrücken, zu bearbeiten und zu lackieren. Als Farbe wird Orange verwendet, wie beim Oberteil des Aufbaus. In das Deck werden die für die Reling benötigten Befestigungslöcher eingezeichnet und anschließend mit einem 2-mm-Bohrer gebohrt. Der Wellenbrecher wird aus den Teilen 37 und 38 zusammengebaut und vorne am Deck angeklebt. Die beiden Seitenkästen 89 und 90 sind am Heck des Decks anzukleben und die beiden Laufbleche 98 sind anzubringen. Danach kann das Deck dunkelgrau lackiert werden.

Nach der Bauanleitung sollen die Relingteile jetzt am Deck angebracht werden. Ich bin dafür, damit zu warten, bis das Deck auf dem Rumpf befestigt ist. Doch bevor es soweit ist, schadet es nicht, einen Badewannentest durchzuführen, um zu sehen, ob die Mini-Jet-Antriebe richtig eingeklebt sind und kein Wasser in den Rumpf eindringt. Sollte das der Fall sein, findet man die Sickerstelle besser, bevor das Deck aufgeklebt ist. Durch Verschieben der Fahrakkus wird die richtige Lage ermittelt. Gibt es keine Beanstandungen, ist das Deck auf den Rumpf zu kleben und anschließend können die Relingsteile angeklebt werden.

Ein Wort noch zur Befestigung des Aufbaus am Deck. Zwar sitzt der Aufbau auf dem Süllrand einigermaßen fest, bei Wind kann es jedoch leicht vorkommen, dass der Aufbau über Bord gefegt wird. Ich habe daher eine Magnetbandbefestigung vorgesehen, die ich zwischen Süllrand und Unterkante des Aufbaus, etwa in der Mitte angebracht habe. Magnetbandstreifen gibt es bei der Firma *robbe*, wie bereits weiter oben bei anderen Modellen erwähnt. So erhält man einen festen Sitz des Aufbaus.

Die Antennenlitze kann man an der höchsten Stelle im Fensteraufbau verlegen oder man entschließt sich, eine Außen-Stababtenne anzubringen. Ich habe mich für letztere Möglichkeit entschieden. In ein etwa 150 mm langes 2 mm starkes Messingrohr wird ein 1 mm starker Messingdraht mit einer Länge von etwa 250 mm eingesteckt und mit dem Messingrohr verlötet. Über der Stelle, wo der Empfänger im Boot befestigt ist wird ein 2-mm-Loch in das Deck gebohrt, die Antenne von oben durchgesteckt und mit dem Deck verklebt. Die Empfängerlitze wird um die Länge der Stababtenne gekürzt und am Messingrohr im Inneren des Bootes angelötet.

Anschließend wird der Rumpf lackiert, entweder ganz in der Farbe Orange, oder wir lackieren den Unterwasserteil in Schwarz und nur den Überwasserteil in Orange. Das kann jeder machen, wie er will.

Nach dem Austrocknen sind die fertigen Relingteile anzubringen und der fertige Aufbau ist über den Süllrand auf das Deck zu setzten. Die restlichen Kleinteile und Dekors sind anzubringen. Damit ist das *Multi Jet-Boat* fertig.

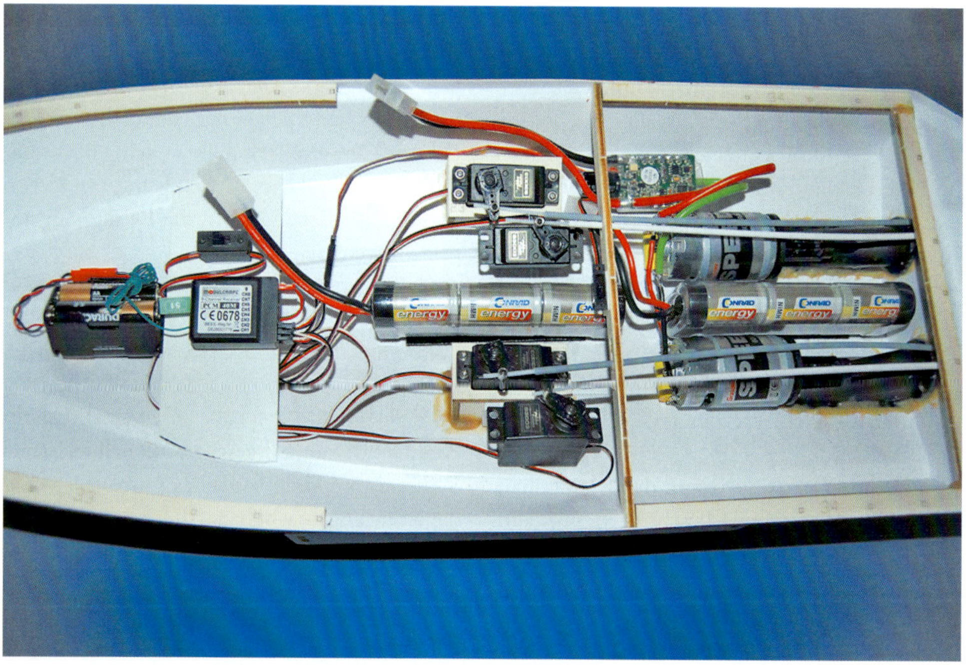

Die beiden Fahrakkus werden hochkant hintereinander eingebaut.

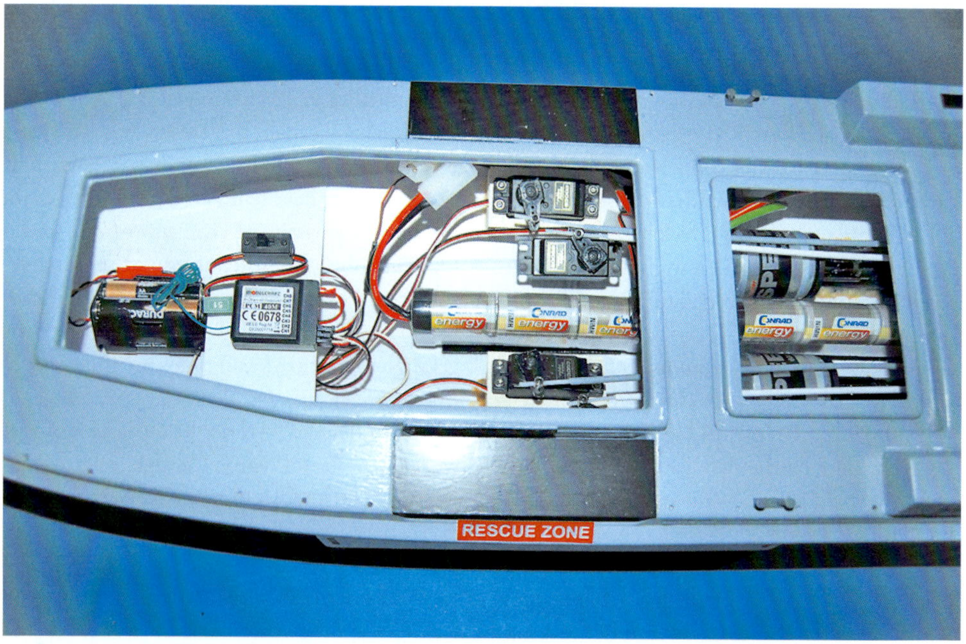

Das Deck wird auf den Rumpf geklebt.

Das fertige Modell
Multi Jet-Boat.

Ansicht von achtern.

Die Draufsicht.

Welche Vorteile ein mit Jet-Antrieb ausgerüstetes Modell gegenüber einem Modell mit herkömmlichem Antrieb mit einem Schiffspropeller und einem Ruderblatt hat, möchte ich an zwei Bildern zeigen. Zu sehen ist das Heck des *Multi Jet-Boats* mit den beiden Düsen und Rückwärtsfahrklappen, die im Heckspiegel des Bootes zu sehen sind. Nach unten hin sind keine störenden Teile zu sehen. Stellt man zwei Modelle nebeneinander, das eine mit einem herkömmlichen Antrieb, das andere mit Jet-Antrieb und betrachtet das Heck beider Boote, so wird der Unterschied noch deutlicher sichtbar. Beim links stehenden Lotsenboot *Maris II* von *robbe* steht das Ruder weit nach unten, beim daneben stehenden Lotsenboot *Multi Jet-Boat* von *Graupner*, sind keine störenden nach unten stehenden Teile zu sehen. Deutlich ist zu erkennen, dass mit Jet-Antrieb angetriebene Boote leicht im Flachwasser fahren können.

Als das *Multi Jet-Boat* fertig vor mir auf dem Arbeitstisch stand, hatte ich den Eindruck, ein Spielzeugschiff vor mir stehen zu sehen. Im Gegensatz zu allen anderen von mir aufgebauten Modellen machte das Modell einen zerbrechlichen Eindruck auf mich. Das mag hauptsächlich daran liegen, dass die Reling nicht aus Messing-Relingsstützen sondern aus Plastik besteht. Ein ungewohntes Bild. Auch die beiden Mini-Jet-Antriebe sehen sehr filigran und zerbrechlich aus. Ich war schon sehr gespannt, wie sich das Boot im Wasser verhalten würde. Doch daran war im Augenblick nicht zu denken, da es noch Winter und der Modellbootteich ohne Wasser war.

Eines Tages war es dann soweit, der Wetterbericht sagte Sonne und erträgliche Temperaturen voraus und so entschloss ich mich, das letzte in diesem Buch beschriebene Modell seinem Element zu übergeben und zu testen. Am See angekommen, schien weder die Sonne, noch waren die Temperaturen erträglich, die See war rau und sehr kabbelig. Ich schaltete den Sender und die Empfangsanlage ein und setzte das

Blick auf die beiden Ausstoßdüsen und Rückfahrklappen am Heck des Modells Multi Jet-Boat.

Vergleich der beiden Antriebsarten Schiffspropellerantrieb links und Jet-Antrieb rechts.

Modell ins Wasser. Vorsichtig wie immer, denn wer einmal ein Jet-Boot gebaut hat, weiß, dass diese Spezies wie ein Pfeil davon rasen und man anfangs vorsichtig mit dem Gashebel umgehen muss. Ich schob den Knüppel nach oben. Die beiden Motoren sprangen zwar an, was man hören konnte, doch das Boot bewegte sich nur langsam nach vorne. Erst nachdem ich Vollgas gab, wurde es etwas schneller. Ich muss zugeben, dass ich sehr enttäuscht und erstaunt war, denn von einer Hecksee war kaum etwas zu sehen.

Mir war zwar klar, dass es sich bei diesem Boot nicht um ein Rennboot oder ein schnell fahrendes Polizeiboot handelt, sondern um die Nachbildung eines Lotsenbootes. Und Lotsenboote müssen Manövrieren können, schnell fahren brauchen sie nicht. Außerdem wurde mir klar, dass dieses Modell laut Bauanleitung mit zwei parallel geschalteten sechszelligen Fahrakkus ausgerüstet ist, die Motoren demnach nur mit einer Fahrspannung von 7,2 Volt betrieben werden, gegenüber den *Kehrer*-Motoren mit bis zu 16 Zellen, also Betriebsspannungen von bis zu 19,2 Volt. Also Sportsfreunde, wundert euch nicht über die geringe Geschwindigkeit, wenn Ihr eines der oben beschriebenen Boote gebaut habt. Dieses Modell ist mit den *Kehrer*-Jet-Booten nicht zu vergleichen. Dieses Modell eignet sich daher ganz besonders für Einsteiger, die sich mit dem Jet-Antrieb vertraut machen möchten, denn die Manövrierfähigkeit des *Multi Jet-Boats* ist sehr gut und auch das Rückwärtsfahren klappt gut, wenn die Umkehrklappen nach unten stehen. Sehr gut bewährt haben sich die von mir gegenüber der Bauanleitung eingesetzten vier Servos zur Lenkung und Umsteuerung von Voraus- auf Rückwärtsfahrt. Wer eine größere Geschwindigkeit erreichen möchte, kann es mal versuchen, die beiden Fahrakkus nicht parallel, wie vom Hersteller angegeben sondern in Reihe zu schalten. Aber der Hersteller hat sich bestimmt dabei etwas gedacht mit nur 7,2 Volt zu fahren, da die sehr zerbrechlich aussehenden Mini-Jets für mehr Power sicherlich nicht geeignet sind. Auch ist die Rumpfform für schnelleres Fahren nicht geeignet, da es sich

Die erste Fahrt mit zwei parallel geschalteten Fahrakkus, wie in der Bauanleitung beschrieben. Es kommt kein Schub zustande.

Eine Hecksee ist kaum zu erkennen. Das Boot schleicht dahin.

ja um ein Lotsenboot handelt. Mein Eindruck von vorhin, nach diesen Erfahrungen, dass es sich bei diesem Modell um ein Spielzeugboot handelt, hat sich dadurch noch verstärkt. Es eignet sich vorzüglich für Jugendliche, deren Väter bereits begeisterte Jet-Boot-Fahrer sind, um die Anfänge zu erlernen und es später dem Vater nachmachen zu können. Denn die oben beschriebenen *Kehrer*-Jet-Modelle fahren in einer ganz anderen Liga.

Ich konnte mich dann doch nicht mit dem dahinschleichenden *Multi Jet-Boat* begnügen und versuchte es nochmals mit den beiden Akkus, die ich jedoch jetzt hintereinander, also in Reihe schaltete. Damit bekamen die Motoren eine Betriebsspannung von 14,4 Volt. Nun war das Fahrbild wesentlich besser. Eine Hecksee war zu sehen und das Modell fuhr mit einer etwas größeren Geschwindigkeit, meines Erachtens jedoch noch viel zu langsam.

Abmessungen des Modells ***Multi Jet-Boat***:
Länge: 665 mm
Breite: 225 mm
Höhe: 325 mm
Verdrängung: 2,1 kg

▲ **Beide Fahrakkus wurden in Reihe geschaltet. Das Boot kommt in Fahrt.**

Eine Wende um 90 Grad. ▶

Highlights
für Schiffsmodellbauer

Umfang: **88 Seiten** · Abb.: **130**
Best.-Nr.: **310 2218** · Preis: **17,80 €**

Umfang: **88 Seiten** · Abb.: **74**
Best.-Nr.: **310 2156** · Preis: **13,80 €**

Umfang: **128 Seiten** · Abb.: **179**
Best.-Nr.: **310 2205** · Preis: **19,80 €**

Umfang: **168 Seiten** · Abb.: **306**
Best.-Nr.: **310 2210** · Preis: **19,80 €**

Umfang: **176 Seiten** · Abb.: **279**
Best.-Nr.: **310 2148** · Preis: **19,00 €**

Best.-Nr.: **330 0020** · Preis: **7,50 €**